大 美 三 坡 科 普 行

大美三坡科普行

DAMEI SANPO KEPU XING

郭友钊　刘扬正◎主编

图书在版编目（CIP）数据

大美三坡科普行 / 郭友钊，刘扬正主编．-- 保定 ：
河北大学出版社，2018.7
ISBN 978-7-5666-1217-5

Ⅰ．①大… Ⅱ．①郭… ②刘… Ⅲ．①地质－国家公
园－房山区－普及读物 Ⅳ．① S759.93-49

中国版本图书馆 CIP 数据核字 (2018) 第 142359 号

大美三坡科普行

DAMEI SANPO KEPU XING

郭友钊　刘扬正／主编

责任编辑　邓一鸣
装帧设计　徐春爽
责任印制　靳云飞

出版发行　河北大学出版社
印　　制　石家庄名伦印刷有限公司
开　　本　889mm×1194mm　1/16
字　　数　160千字
印　　张　10.75
版　　次　2018年7月第1版
印　　次　2018年7月第1次
书　　号　ISBN 978-7-5666-1217-5
定　　价　168.00元

保护地质遗迹　做好地学科普（代序）

地质遗迹是在地球形成、演化的漫长地质历史时期，受各种内、外动力地质作用，形成、发展并遗留下来的自然产物，它不仅是自然资源的重要组成部分，更是珍贵的、不可再生的地质自然遗产。

河北省地质遗迹资源十分丰富，变质岩山岳地貌、中元古界—长城系石英砂岩地貌、中上元古界—古生界碳酸盐岩峡谷峰林地貌、花岗岩山岳地貌、火山岩地貌、侏罗系沙砾岩组成的丹霞地貌、碳酸盐岩岩溶洞穴、火山熔岩及花岗岩洞穴等各种地质遗迹多达100多处。野三坡则是这些地质遗迹资源中一个极具代表性的重要组成部分。

野三坡雄踞于紫荆关深断裂带北端之上，在30亿年漫长而复杂的地质历史中，经历了7次重大的构造运动，其中燕山运动、喜马拉雅运动和新构造运动表现最为明显。它是华北板块内部构造运动最为醒目的地方，这里曾发生过多次断裂、褶皱、岩浆侵入、火山喷发，因而造就了野三坡独具特色、景观宏伟、类型齐全、典型稀有的地质遗迹，各类不整合面清晰，侵入岩、火山岩、沉积岩、变质岩等各类岩石遗迹齐全，异常发育的构造节理、断层、褶皱等构造遗迹突出，山地夷平面、河流阶地等地貌遗迹丰富多彩。它浓缩了华北地区30亿年来地质构造的演化史，是华北板块内造山带的典型代表。它不仅是一部内涵深刻的地质教科书，也是一座天然的地质博物馆，因而是专家学者们研究全球地质构造和板内造山带的最佳区域，已成为地质科学研究和科学普及的理想基地，也是科普教育的生动课堂。

野三坡还是中国北方极为罕见的融雄山碧水、奇峡怪泉、文物古迹、名树古禅于一身的风景名胜区。这里有嶂谷神奇的百里峡、雄浑厚重的龙门天关、神秘离奇的鱼谷洞泉、森林繁茂的白草畔、风光旖旎的拒马河，总揽了泰山之雄、黄山之奇、华山之险、峨眉之秀、青城之幽，既不乏山水的瑰丽多姿，又留下了许多典型的地质遗迹、珍稀的动植物资源，还有许多人文古迹和红色记忆，一幅幅灵动壮美的自然和历史画卷让人流连忘返。

保护好这些不可多得的地质遗迹，是国土资源管理中一项极为重要的任务。保护的有效方式，就是动员全社会的力量，合理而科学地开发、利用地质遗迹资源，把建立地质公园与地区经济发展结合起来，通过建立地质公园带动旅游业的发展，使地质遗迹资源成为地方经济发展新的增长点，促进地方经济发展和增加居民就业机会，提高当地群众的生活水平，从而达到保护地质遗迹的目的。

1985 年 11 月，原地矿部在长沙召开了“首届地质自然保护区区划和科学考察工作会议”，与会代表考察了武陵源风景区，鉴于武陵源砂岩峰林地质地貌景观独特优美，提出建立“武陵源国家地质公园”的建议，在国内形成一定影响。

这是在全国建立地质公园的最初设想。

1987 年 7 月，原地矿部在《关于建立地质自然保护区规定的通知（试行）》中，把地质公园作为保护区的一种方式提了出来。1995 年 5 月，原地矿部颁布了《地质遗迹保护管理规定》，进一步以条文形式把地质公园作为地质遗迹保护区的一种方式列入其中。从此，建设各级地质公园的工作相继启动，到 2017 年 9 月，中国已批准建立国家地质公园 206 个。

1989 年，联合国教科文组织（UNESCO）、国际地科联（IUGS）、国际地质对比计划（IGCP）及国际自然保护联盟（IUCN）在华盛顿制订了“全球地质及古生物遗址名录”计划，目的是选择适当的地质遗址作为纳入世界遗产的候选名录。1996 年改名为“地质景点”计划。1997 年联合国大会通过了教科文组织提出的“促使各地具有特殊地质现象的景点形成全球性网络”计划，即从各国（地区）推荐的地质遗产地中遴选出具有代表性、特殊性的地区纳入地质公园，其目的是使这些地区的社会、经济得到永续发展。1999 年 4 月，联合国教科文组织第 156 次常务委员会议中提出了建立地质公园计划（UNESCO Geoparks），目标是在全球选出超过 500 个值得保存的地质景观加强保护，并确定中国为建立世界地质公园计划试点国之一。至2017年，中国已有35处地质公园进入教科文组织世界地质公园名录。

野三坡的地质公园建设就是在这样的背景之下走向完善和成熟的。

野三坡1984年开发，1986年对外开放，1988年被国务院确定为国家级风景名胜区；2001年被中华环保基金会确定为生态示范区；2004年2月，野三坡被国土资源部批准成为国家地质公园。2006年9月17日，在第二届世界地质公园大会上，由华北地区两省市三区县共同创建的，由周口店北京人遗址科普区、石花洞溶洞群观光区、十渡岩溶峡谷综合旅游区、上方山—云居寺宗教文化游览区、圣莲山观光体验区、百花山—白草畔生态旅游区、野三坡综合旅游区、白石山休闲观光区八大园区共同组成的中国房山世界地质公园正式获得联合国教科文组织批准并授牌。

此外，野三坡还获得了多种殊荣：2001年被国家旅游局评定为AAAA级旅游景区；2004年11月被国家林业局批准为国家森林公园；2009年5月被国土资源部确定为第一批国土资源科普基地；2009年12月被中国科学技术协会评为全国科普教育基地；2010年被国家旅游局评定为国家AAAAA级旅游景区；2012年8月被文化部评定为国家文化产业示范基地；2013年12月被中国旅游协会、中国旅游报社联合评定为“美丽中国十佳景区”；2014年12月被中国旅游协会、中国旅游报社联合评定为“美丽中国十佳旅游县”；2015年2月被国家旅游局、环境保护部联合评定为国家生态旅游示范区；2016年被国家旅游局确定为首批国家全域旅游示范区创建单位。

我们还欣喜地看到，野三坡除致力于地质遗迹保护、营造特色文化、为地方旅游经济的发展提供新的机遇、促进地方经济发展外，还努力发挥了科普教育基地的作用，成为河北乃至全国普及地学科普知识的排头兵。

科普，从本质上来说，是一种社会教育，其根本意义在于普及科学理性（科学精神），其目的是大众科学素养的提高。但要做到提高，需要多方面的能力建设，包括科普基地、人才培养、管理组织能力和传播能力以及公众服务。没有这些基础平台，科普很可能是句空话。

习近平总书记精辟地指出：“文明因交流而多彩，文明因互鉴而丰富。”“让收藏在博物馆里的文物、陈列在广阔大地上的遗产、书写在古籍里的文字都活起来，让中华文明同世界各国人民创造的丰富多彩的文明一道，为人类提供正确的精神指引和强大的精神动力。”科普基地建设的本质和作用，在习总书记的话里得到了生动的体现。在这方面，野三坡园区管委会做了许多卓有成效并且多姿多彩的科普工作：

为加强科普工作的组织领导，建立了以涞水县科协、科技局、国土资源局和县委宣传部、景区管委会等单位组成的科普联席会，形成了多渠道、多层次的科普工作管理体系。

制订了《河北野三坡世界地质公园国土资源科普基地发展规划》，进一步明确了科普基地发展的指导思想、基本原则、发展目标和工作任务。建立健全了一套较为完善的科普管理制度体系。制定了科普工作联席会议制度、科普基础设施建设规划、科普资金使用管理制度、定期培训制度、科普工作志愿者服务制度、科普工作激励制度等十余项相关制度，为国土资源科普提供了组织机制保障。

提升科普活动能力建设，科学谋划，精心设计、制作生态与环境相协调的科普基地标识系统，充实完善了免费向公众开放的科普展馆，为科普活动的开展打造了良好的平台。每年参观人数不少于 60 万人次。每年参观科普基地的游客达 170 万人次。

建立了野三坡世界地质公园官方门户网站，建立了地质遗迹保护数据库和科普信息系统；进一步强化了科普信息传播体系。

不断完善科普工作的志愿者服务体系，与中国地质大学、国土资源部国土资源作家协会等单位建立合作关系，同时吸引高等院校、科研院所的离退休人员等各方面人才加入到科普工作队伍中。

每年都邀请中国地质大学教授到野三坡做专题报告和野外科普活动指导，与中国地质大学合作组织在校大学生进行野外教学实习、野外观测、标本采集、野外地质探险等。

针对中小学生开展地学夏令营主题活动。每年参与科普活动的人员达 10 万人次。

每年“世界地球日”“全国土地日”“全国科普日”“全国科技周”等重大活动日都在野三坡开展主题科普活动，活动期间组织形式多样的科普宣传，科普宣传活动进社区、进学校。科普工作经常被《中国国土资源报》等媒体进行报道，极大地提升了野三坡的社会知名度和影响力。

着力鼓励科普创作，积极编辑出版科普读物，并且每年进行表彰，促进了科普创作精品迭出。

在出版了多种科普读物的基础上，目前又推出了《大美三坡科普行》。这本书在系统地向读者介绍三坡美丽风光的同时，深入浅出地对各种地质遗迹、地质现象进行了科学阐释，既有自然景观的生动描绘，又有地质科学的深厚内涵，趣味性和科学性相得益彰，相信对广大读者增进地学知识、珍惜地质遗产、提高保护意识会有很大的帮助，相信一定会得到广大读者的青睐。

2016 年 7 月 20 日，在中国地质博物馆建馆 100 周年之际，习近平总书记专门发来贺信，对科技创新和科学普及、实现创新发展提出了新的更高的要求。总书记在信中说：“科技创新、科学普及是实现创新发展的两翼。希望你们以建馆百年为新起点，不忘初心、与时俱进，以提高全民科学素质为己任，以真诚服务青少年为重点，更好发挥地学研究基地、科普殿堂的作用，努力把中国地质博物馆办得更好、更有特色，为建设世界科技强国、实现中华民族伟大复兴的中国梦再立新功。”这不仅仅是总书记对中国地质博物馆的殷切希望，也是对广大地质工作者提出的殷切希望，我们一定要努力普及科学知识、弘扬科学精神、传播科学思想、倡导科学方法，使讲科学、爱科学、学科学、用科学成为全民共识，促进全民科普在中国的广阔大地上风起云涌，成果辉煌。

“接天莲叶无穷碧，映日荷花别样红。”祝野三坡在保护地质遗迹、做好地学普及的道路上取得更大的成就。

作者

2017 年 12 月

目 录

第一章
公园总览：一举成名天下知

野三坡是中国房山世界地质公园的重要组成部分。这里有嶂谷神奇的百里峡、神秘离奇的鱼谷洞泉、雄浑厚重的龙门天关、植被繁茂的白草畔、风光旖旎的拒马河，总揽了泰山之雄、黄山之奇、华山之险、峨眉之秀、青城之幽，既有瑰丽多姿的奇山秀水，又有许多典型独特的地质遗迹、珍稀的动植物资源，还有许多人文古迹和红色记忆，一幅幅灵动壮美的自然和历史画卷让人流连忘返。

◎ 百里峡景区入口

NETWORK
中国房山世界地质公园
野三坡园区
Yesanpo Geo-Region Fangshan Global Geopark of China
二〇〇六年九月十七日
17th of September 2006

第一节　概况

1.1　中国房山世界地质公园与野三坡园区

中国房山世界地质公园地跨北京市房山区和河北省保定市的涞水县、易县、涞源县，面积1045平方公里，由周口店、石花洞、十渡、百花山—白草畔、上方山—云居寺、圣莲山和野三坡、白石山八大园区组成，是全球首都城市第一家世界地质公园。

公园拥有漫长的地质演化史，人文景观与自然景观交相辉映：有博大精深的历史文化，是人类文明的发祥地；有造化天成的雄峰峻岭，是中国北方岩溶地貌的典型代表；有神奇迷人的地下“宫殿”，是中国北方最大的溶洞群；是燕山运动的命名地、中国地质工作者的摇篮；拒马河、大石河穿园而过，是和谐宜居的自然乐园；是集科研科普、生态体验、宗教朝觐、人文追踪、休闲度假于一体的珠链状、网络型、综合性的地质公园，将成为世界知

◎中国房山世界地质公园导览图

名品牌和国际一流旅游目的地。

野三坡园区是中国房山世界地质公园的重要组成部分，地处太行山脉与燕山山脉的交汇处，雄踞于紫荆关深断裂带北端之上，多期强烈的构造运动和岩浆活动造就了野三坡独具特色、景观宏伟、类型齐全、典型稀有的地质遗迹，浓缩了华北地区 30 亿年以来地质—构造演化史，是一部内涵深刻的地质教科书，一座天然的地质博物馆，已成为地质科学研究和科学普及的理想基地。园区总面积 334.8 平方公里，含百里峡构造—冲蚀嶂谷景区、龙门天关花岗岩断裂构造峡谷景区、佛洞塔—鱼谷洞构造岩溶洞泉景区等三个主景区。

◎野三坡景区导览图

1.2 野三坡发展历程

野三坡山高谷深，是西部通往首都的重要门户。自然的野性与人文的野味十足，自然地理与人文地理完美融合，这在全球五大洲的许许多多交汇的山脉中属凤毛麟角，难得一遇。

野三坡 1984 年开发，1986 年对外开放，1988 年被国务院审定为国家级风景名胜区；2001 年被国家旅游局评定为 AAAA 级旅游景区，同年被中华环保基金会确定为生态示范区；2004 年 2 月被国土资源部批准为国家地质公园，11 月被国家林业局批准为国家森林公园；2006 年 1 月被中央文明办、

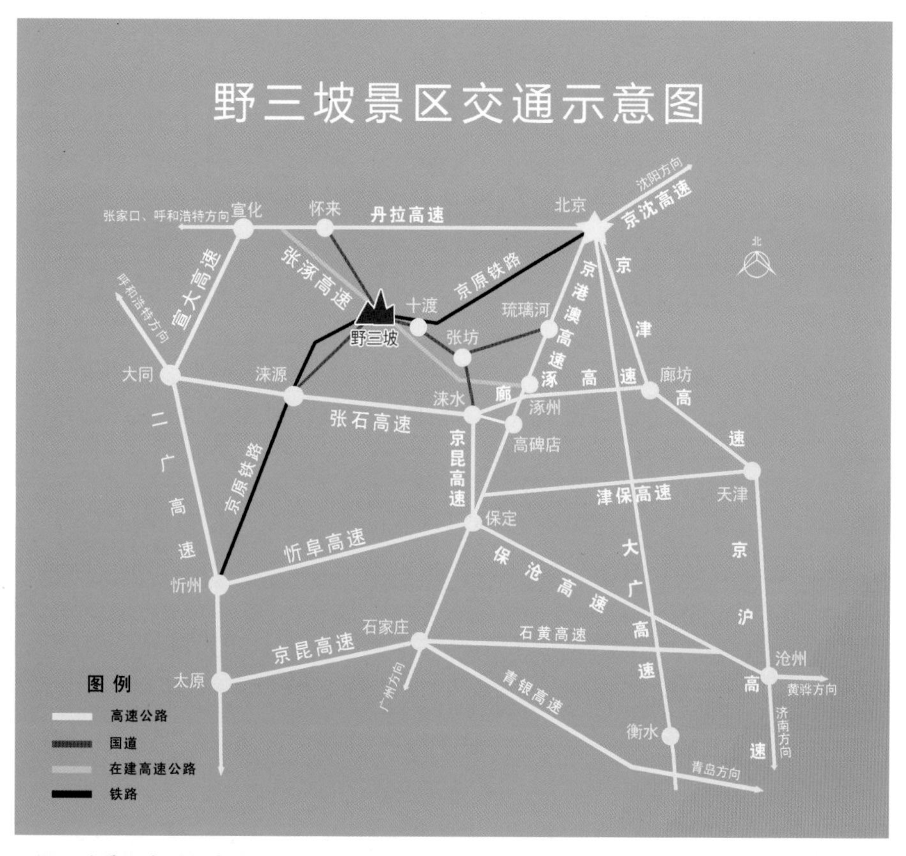

◎野三坡景区交通示意图

住房和城乡建设部、国家旅游局评定为全国创建文明风景旅游区工作先进单位，并于2009年2月顺利通过复查；2006年9月被联合国教科文组织评定为世界地质公园；2009年5月被国土资源部确定为第一批国土资源科普基地，同年被国家质检总局国家标准化管理委员会批准为国家级服务业标准化试点，12月被中国科学技术协会确定为全国科普教育基地；2010年被国家旅游局评定为国家AAAAA级旅游景区；2011年12月被中央精神文明建设指导委员会评定为全国文明单位；2012年8月被文化部评定为国家文化产业示范基地；2013年12月被中国旅游协会、中国旅游报社联合评定为“美丽中国十佳景区”；2015年2月被国家旅游局、环境保护部联合评定为国家生态旅游示范区；2016年承办首届“河北省旅游产业发展大会”，以其“精彩、震撼、圆满”获得了社会各界的好评，荣获首届河北省旅游产业发展大会“突出贡献集体”称号，同时野三坡景区“景区带村、能人带户”的旅游扶贫模式得到了国务院的肯定，同年12月12日野三坡景区管委会被人力资源和社会保障部、国家旅游局授予“全国旅游系统先进集体”荣誉称号。

第二节　资源特色

2.1　地质遗迹资源

华北地区 30 亿年以来地质—构造演化史，造就了野三坡独具特色、内容丰富、类型齐全、内涵深刻、典型稀有的地质遗迹。野三坡的自然风光以“雄、险、奇、润”闻名遐迩。这里奇峰簇攒，叠峰屏立；重岩叠嶂，绝壁万仞；奇石耸立，怪石嶙峋；碧翠尽染，山花烂漫；曲径通幽，变化多端。走进峡谷，时而峰回，时而路转，让人时时有“山重水复疑无路，柳暗花明又一村”的感觉。谷中飞瀑清泉，奇特壮观，瀑布从万丈悬崖腾空而下，如玉龙起舞，银花飞溅；山涧溪水涓涓，山水交融，人在画中，顿感无限生机扑面而来。

雄：群峰矗立，峭壁峥嵘，崇峻巍峨，气势磅礴。

险：陡崖绝壁，夹涧而立，峭拔如剑，刺破青天。

奇：怪石嶙峋，嵯岈互异，千姿百态，栩栩如生。

润：满目青翠，飞瀑清泉，雾卷云飞，胜似仙境。

◎三坡之雄

◎三坡之奇

◎三坡之险

◎三坡之涧

野三坡主要呈现三大地貌。

2.1.1 冲蚀嶂谷地貌（特殊喀斯特地貌）

嶂谷是指谷坡陡直，深度远大于宽度的峡谷。一般在玄武岩、石灰岩等垂直节理发育的山区，由于地壳上升，岩石的物理性质有利于河流的下切，抗风化、抗冲刷能力强，谷坡难于剥蚀后退，故形成比一般峡谷更为深、窄的地质景观。

被胡绳先生赞为“天下第一峡”的百里峡，谷深千仞、延长百里，最窄处仅 1 米，是在中元古代雾迷山组灰岩地层中形成的构造—冲蚀嶂谷，属典型的碳酸盐岩峡谷峰林地貌景观。

2.1.2 花岗岩地貌

◎花岗岩地貌

花岗岩是大陆地壳的主要组成部分，是一种岩浆在地表以下凝结形成的火成岩，主要成分是长石和石英。花岗岩的语源是拉丁文，意思是谷粒或颗粒。因为花岗岩是火成岩，常能形成发育良好、肉眼可辨的矿物颗粒，因而得名。花岗岩不易风化，颜色美观，外观色泽可保持百年以上，由于其硬度高、耐磨损，除了用作高级建筑装饰工程、大厅地面外，还是露天雕刻的首选之材。

龙门天关景区位于大河南花岗岩岩体之中，节理发育，节理面或水平，或垂直，或倾斜，使花岗岩体的裂缝纵横交错，加之风化剥蚀，活生生地塑

◎冲蚀嶂谷地貌

①

②

◎岩溶洞泉地貌

造出各种各样惟妙惟肖的形象，紫荆关深断裂穿过的龙门峡，宽阔的断壁高耸入云。

2.1.3 岩溶洞泉地貌

岩溶洞泉地貌又称为喀斯特地貌，是地表水和地下水对可溶性岩石改造和破坏过程中形成的地表和地下形态的总称。常见的地表岩溶地貌有峰林、峰丛、嶂谷、石崖、天坑等，地下岩溶地貌主要有落水洞、水洞等溶洞及其洞内沉积景观。

鱼谷洞发育有石花、云盆、鹅管、石柱、钟乳石等美丽的溶洞沉积物，是北方岩溶不可多见的典型代表。

2.2 自然生态资源

野三坡是国家森林公园、国家生态旅游示范区。这里自然生态得天独厚，动植物资源异常丰富。银杏、青檀、核桃楸、独根草、野葡萄、山榛子、野果随处可见，褐马鸡、黑鹳、苍鹭、鸳鸯、岩松鼠等野生动物时常出没。野三坡的植被色彩纷呈：四月的野杏花、野桃花漫山遍野如火如荼地盛开；5月的杜鹃花、丁香花则在浅灰泛绿的枝头绽放；7月的海棠花在百里峡谷迎风摇曳；8月的高山草甸色彩斑斓；9月的枫树、榉树的叶子开始染霜，一天天兑现成金黄，一坡又一坡、一谷又一谷，秋色的辉煌在野三坡分外壮观。

野三坡群峰险峻挺拔，山谷溪水清澈，气候清爽怡人，茂密的森林植被、自由出没的野生动物共同构成了独具特色的生态环境。这里天然林地达10万余亩，郁郁葱葱，植物多达92科713种，仅药用植物就有200多种。景区春、夏、秋季都有应时各色野花竞相开放，姹紫嫣红、香飘万里，将野三坡点缀得五彩斑斓，形成一座“天然植物园”。良好的生态环境为野生动物提供了生存空间，脊椎动物达159种，其中有鸟兽146种，国家重点保护动物15种，堪称“野生动物王国”。

©万木葱茏

◎百花争艳

◎褐马鸡

◎黑鹳

◎苍鹭

◎岩松鼠

2.3 人文历史资源

野三坡历史底蕴深厚凝重。1983 年 7 月在白草畔景区北边桥村发现一些零碎的骨头化石，1988 年在北京大学考古系专家和文物管理部门配合下，终于发掘完毕，清理出一具完整的古人类骨骼化石，经北京大学考古系鉴定，该化石代表一个成年男性个体，约长 161 厘米，宽 48 厘米。后经美国亚利桑那大学 NSF 加速器放射性同位素分析、加速质谱仪测定，这具人骨化石形成于距今 2.8 万年前，考古界按出土地点，将该化石命名为“涞水智人”。“涞水智人”的出土地北边桥村与“北京猿人”的出土地周口店直线距离只有 40 公里，对于寻找著名的北京猿人后裔以及探讨他和同一时期的山顶洞人的关系有着重要的意义。涞水智人具有蒙古人种（黄种人）的特征，从而再次否定了国际人类学界关于“中国的古人类发展到北京猿人以后就灭绝了，中国的智人都是从非洲迁徙而来”的观点。

◎涞水智人

三皇文化、合符文化开创了华夏民族的灿烂文明；“燕王问鼎，松鼠讨封，免除丁粮”的传说在三坡地区广泛流传，时至今日，三坡的民风民俗仍保留着鲜明的明代色彩；民主选举“老人官”综理坡内一切事务，被称为“实开民选之先列，独树自治之先声”，是我国古代乡村民主选举的最早雏形。

景区内的龙门天关在古代是京都通往关外的重要关隘，山势险峻、易守难攻，为历代兵家必争之地，享有“疆域咽喉”之称，明、清两代均有重

◎老人官故居

◎摩崖石刻

兵把守。大龙门城堡、明代内长城及三道防线构成了严密的立体防御系统，充分体现了古代高超的建筑艺术和成熟的军事防御思想；同时，赞美山河壮丽的30余处摩崖石刻被誉为“华北地区最大的历史文化长廊”。

说起长城，人们一定会想起从山海关经居庸关到嘉峪关的万里长城，不易想起万里长城之北的外长城与之南的内长城。外长城以内蒙古自治区克什克腾旗的金界壕为代表，内长城则以野三坡的蔡树庵长城为典型。内长城西起涿鹿县的马水口，东至房山区的小龙门，全长22.5公里，大龙门位于中间。西段与东段位于海拔千米之上的山峦，多为峭壁悬崖，是一道天然的屏障，以山岭代墙，仅在山凹等易行人的局部地段筑墙。中段地处金华山脚下，小西河穿过，山势低缓，则筑起高墙。龙门天关附近的蔡树庵长城是其代表，城墙、箭楼、战台、烽火台一应俱全，依地势布局适宜、结构完整，气势磅礴，雄伟壮观。长城文化在野三坡扎下了深深的根，留下了城堡、长城、摩崖石刻等遗产。

自古名山僧占多，野三坡亦是如此。清禅寺始建于辽代，位于金华山的南麓，是有近千年历史的古刹。寺内现存一棵苍翠挺拔的千年银杏树，老银杏还带着两棵凌空而立的小银杏；正殿尚存，殿内有壁画，绘着栩栩如生的十八罗汉、九仙神女、天兵天将等图案，历经千年，色彩依然鲜艳。

这里还是东晋著名军事家祖逖和南北朝时期杰出的数学家、科学家祖冲之的故乡。有名的成语“闻鸡起舞”“中流击楫”“竞著先鞭”就出自祖逖的事迹。祖冲之在世界数学史上第一次将圆周率计算到小数点后七位，他还是一位杰出的机械专家，重新造出早已失传的指南车、千里船等巧妙机械多种。

抗日战争时期，野三坡作为平西抗日根据地腹地，在抗战中发挥了独特的历史作用。1938年3月邓华支队开辟平西抗日根据地进入野三坡。1938年5月，房涞涿政府迁往紫石口村。1939年2月，萧克在山南村成立冀热察挺进军、冀热察区党委，随即平西专署、平西地委、挺进军随营学校、挺进军兵工厂、挺进军机关报、挺进剧社和挺进军七团、九团以及冀东区后称五分区卫生所等党政军领导机构遍布于野三坡山南、庄头、大泽、罗古台、

◎清禅寺千年银杏树

◎野三坡明代内长城

◎清禅寺壁画

桑园涧、北庄、峨峪、紫石口、蓬头村、都衙村。野三坡成为平西抗战的政治、军事、文化中心。萧克、邓华、宋时轮、杨成武等十多名开国将领及著名的抗日爱国民主人士李公朴、国际友人林迈可夫妇，都曾在这里战斗过。激励数代人的不朽歌曲《没有共产党就没有新中国》在这里诞生并由此传唱祖国大地，著名的红色歌剧《白毛女》的原型也出自野三坡。

第二章

百里峡：百里长峡百里风

百里峡有“天下第一峡”之美称。蝎子沟、海棠峪、十悬峡等峡谷的两壁高高峻立，与青霄相接，谷底狭窄，两旁如刀削斧劈，奇石兀立，海棠满沟，花草遍山。徜徉其间，犹如进入了浓墨重彩的百里画廊。百里峡是典型的构造冲蚀嶂谷，构成嶂谷的物质是元古代的白云岩、中生代的闪长玢岩。这两种地球演化过程中生成的物质，在地质作用的雕刻下，形成了神奇的嶂谷奇观。

第一节 长峡风光

百里峡景区由三条迂回曲折的嶂谷组成，分别是蝎子沟、海棠峪、十悬峡。三条峡谷总长50余公里，“百里峡”由此得名。本节将重点介绍海棠峪和十悬峡。

峡谷口屹立着一座雄伟壮观的仿古建筑，采用了抬梁式和穿斗式的建筑风格，这是1992年电视连续剧《三国演义》的外景拍摄基地。戏中诸葛亮就是在这里摇扇抚琴，吓退了司马懿的数万雄兵。

进入百里峡景区，可以看到不远处两个山脊之间，有一个形象逼真、栩栩如生的石人好像在指引方向。传说它是天宫的值班巡视，来到这里后，被百里峡的美景所吸引，忘记要返回天宫复旨，结果被玉皇大帝处罚在这里指引方向，故称“仙官指路”，仙官手指的方向就是百里峡最美的地方。这是由于岩层中发育多组裂隙（节理）经后期风化作用而形成。

百里峡口的右边是蝎子沟。这条沟里遍布着一种草本植物，形状好像刚刚长出的桑叶，有蜇毛，叶边有锯齿，假如我们的肌肤碰到了它，会感到被蝎子蜇了一样疼痛，所以老乡们把它们叫作“蝎子草”。这条峡谷也因此得名“蝎子沟”。

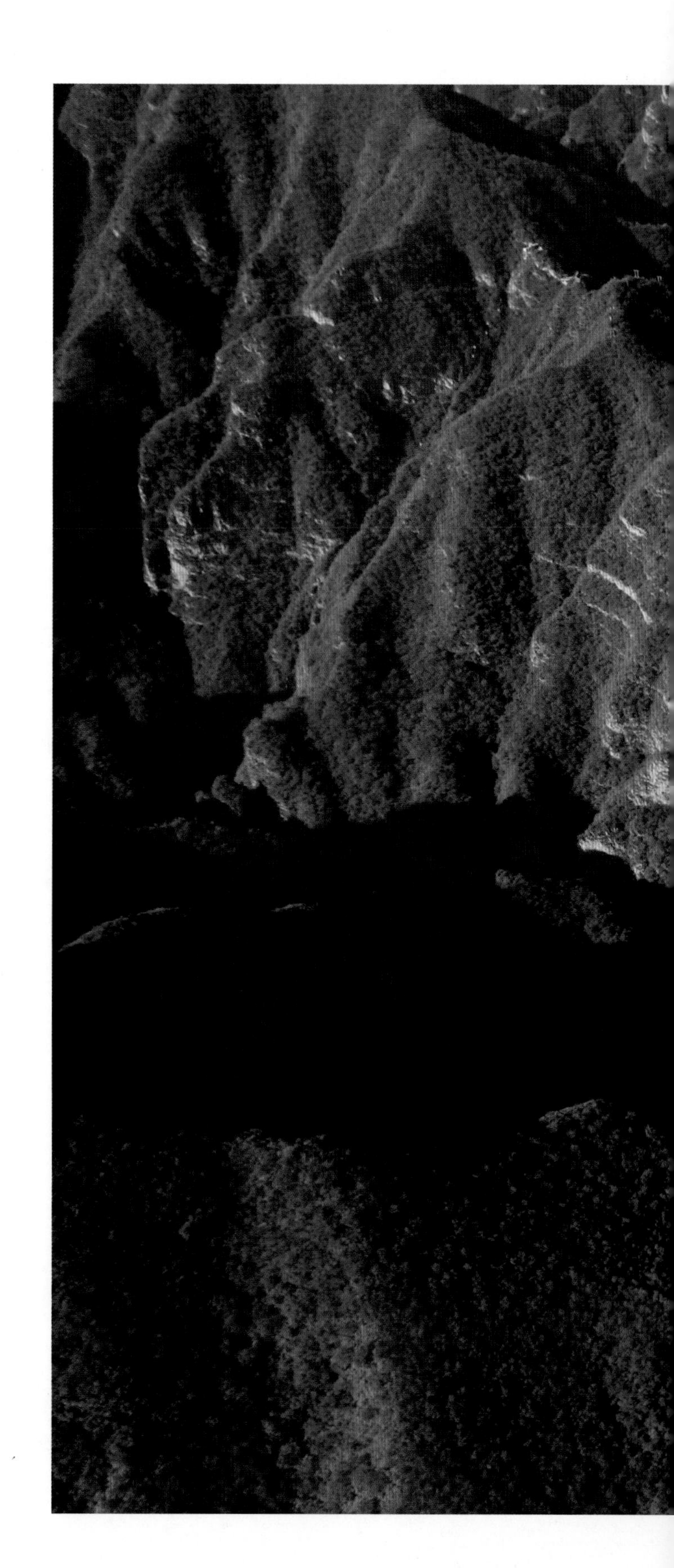

◎百里峡鸟瞰

◎仙官指路（石柱）

◎“天下第一峡”百里峡

◎近代钙华

钙溶离出来，并产生沉淀，形成钙华；天长日久，还可形成钟乳石。

波痕。这块岩石表面有波状起伏的形态，地质学上称为“波痕”。波痕是由于河流、海浪或风的作用，在松散的、未固结的沉积物表面留下的痕迹。该处的波痕是在12.07亿年前形成的，当时这里曾是海洋，在滨海地带由于海浪运动，在未固结的沉积物表面留下的痕迹。

牛角峰。这个山峰高约150米，上尖下宽呈圆锥状，酷似牛角，于是叫作“牛角峰”，属拟态地貌地质遗迹。这种地貌实际上是嶂谷发育早期的板状山经过进一步风化剥蚀形成的。

◎“老虎嘴”的双曲凹槽可与美国北亚利桑那州羚羊峡谷砂岩中的冲蚀凹槽媲美

◎老虎嘴（双曲凹槽）

老虎嘴（双曲凹槽）。这里的双曲凹槽的形成是距今1万年以来，地壳多次抬升和间歇性涡流多次向两壁侧方侵蚀造成的。当嶂谷抬升较快时，流水沿节理迅速切割，造成岩壁上的陡坎；当嶂谷抬升停顿时，涡流向侧方侵蚀，形成侧洞。两壁多组双曲凹槽的形成，反映了多次地壳抬升的过程。

爽心瀑。海棠峪最大的一处瀑布。站在这里，空气清新，气候凉爽，令人心旷神怡，所以得名“爽心瀑”。

一线天。百里峡最窄的地方。进入一线天，悬崖峭壁，雄险惊心，窄涧幽谷，天光一线，最窄处只有0.83米，真是“双崖依天立，万仞从地劈”。这里是嶂谷形成的初期阶段，由于物理风化作用和间歇性水流下切及侧向侵蚀，使垂直地面的裂隙（节理）不断“扩张”，形成十分狭窄的嶂谷，故称

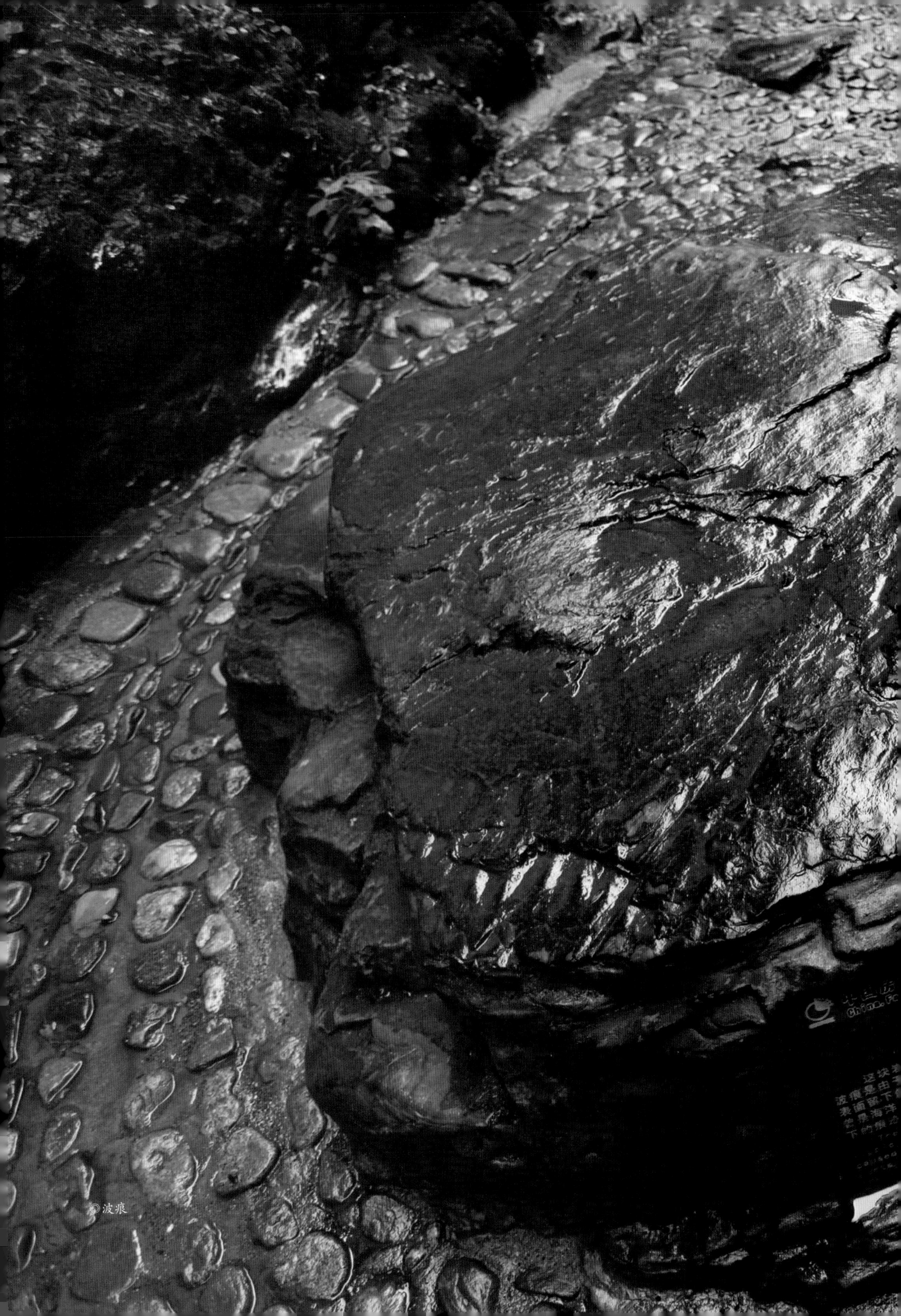
© 波痕

World Geopark
痕
markings

◎"老虎嘴"上的涡流

◎牛角峰

◎爽心瀑

◎一线天

"一线天"。

蟒蛇出洞（燧石条带）。在一线天嶂谷西侧，可见到岩壁上有一条"白蟒"张着大口，惟妙惟肖。其实它不是蟒蛇的化石，而是组成岩壁的白云岩中，由于燧石条带不规则分布，经风化后形成突出在岩壁上的一种拟态。

◎蟒蛇出洞（燧石条带）

金线悬针是一条又深又窄的巨型岩石裂缝（地质学上称构造节理）。这里的"巨型"节理沿嶂谷延伸时，遇到嶂谷的急转弯处，还可清楚地见到节理沿岩壁继续延伸，在岩壁上留下一条巨型裂隙，当太阳光在适当位置直照裂缝时，就呈现出"从天而降"的耀眼的一线亮光，故称"金线悬针"。

板状岩片（板状山）。此处嶂谷中，发育有许多板状岩片形成谷中的"板状山峰"，其延伸方向与嶂谷总方向是平行的。板状山峰两侧是巨大的垂直裂隙，当板状山峰垮塌，并有强大水流的冲刷和侵蚀，这里又会形成一条嶂谷。从这里可以理解构造—冲蚀嶂谷的形成过程。

回首观音（石柱）。我们可以见到崖壁侧面有一尊观音石雕，形象逼真，栩栩如生，这完全是大自然的杰作。这是由于岩层中发育了多组垂直、宏大的裂隙，先形成岩柱，又经长期风化作用才形成的。称它"回首观音"，是因为我们走在山谷间，不知它的存在，到最佳位置，向来时峡谷上方蓦然回首，即见一尊观音倚山而立。

虎泉。崖壁旁边还有两眼泉，这两眼泉被当地百姓称为"虎泉"。虎泉名字的由来很简单，过去这里猛虎出没，百姓很难饮用此泉，起这个名字也是老乡们为了警告路人泉水虽甜，猛虎难敌，当然也是野三坡人宅心仁厚的一种体现。但是好多人会奇怪：这里为什么会有泉水呢？它的形成是由于岩层中有许多裂隙发育，裂隙水向下汇集，其下面有一层相对不透水的岩浆岩

◎金线悬针

“岩床”阻隔，不再渗透下去，就汇集形成了这里的虎泉。

藻叠层石。在虎泉的崖壁，许多“壁画”出现在我们面前。它是由深浅互层的纹层组成上凸的弧形。深色纹层由最原始、低等的单细胞藻类组成，而浅色纹层是藻类分泌黏液所黏结的沉积物。藻类在生长繁殖过程中，又在不断黏结沉积物的反复过程中形成了深浅相间的纹层，经过成岩作用形成了藻叠层石。它不完全是生物化石，而是一种“生物沉积构造”。这里的藻叠层石是距今12.07亿年前形成的，也证明这里曾是一片汪洋大海。

闪长玢岩是岩浆岩的一种。它形成在距今6500万年之前，由于地壳深部灼热熔融的岩浆向上运动，在距离地表较浅的地方冷却凝固以后就形成了闪长玢岩，它的成分主要是斜长石和角闪石，其中一些矿物明显粗大称为斑晶。闪长玢岩与雾迷山组的侵入接触关系：这里的闪长玢岩是距今6500万年前，灼热熔融的岩浆顺着12.07亿年前形成的雾迷山组燧石条带白云岩中的层面贯入，离地表较浅的地方冷却凝固形成的。在这里可以清楚看到闪长玢岩顺层侵入到雾迷山组燧石条带白云岩之中，地质学上称“侵入接触关系”。

天生桥。这是大自然鬼斧神工的又一佳作，坐落在嶂谷之中，桥墩是6500万年前生成的岩浆岩（闪长玢岩），桥梁是12亿年前生成的沉

◎板状岩片

◎回首观音（石柱）

◎虎泉

◎藻叠层石

◎五子登科

积岩（燧石条带白云岩），桥宽 2 米，长 10 米，厚 1.5 米；桥孔高 7 米。天生桥是由于 12 亿年前生成的燧石条带白云岩受后期构造运动影响，产生了多组裂隙（节理），在 1 万年前左右，地壳抬升，经物理风化，岩石沿节理面垮落以及流水冲蚀而成。

五子登科。这里奇峰簇攒，叠嶂屏立，五座山峰就像从大到小的五个兄弟一样，所以我们把它们叫作“五子登科”。由于距今 12 亿年前形成的雾迷山组近水平状的燧石条带白云岩中，发育了两组垂直的宏大 X 形节理，受到季节温差变化、热胀冷缩、冰冻裂解、雨水溶蚀等风化作用，顺节理裂隙不断剥落，形成了石柱、石峰等似峰林地貌景观。

抻牛湖。这是一个直径 30 米、深 20 米的水潭，形如巨瓮，一股清泉从断崖上直泻而下，形成落差 15 米的瀑布，谷底有一潭清水。由于水流长期冲刷侵蚀以及涡流的淘蚀作用，抻牛湖形成了弧形的崖壁和冲蚀坑。关于抻牛湖的来历有一个传说。相传有一年大旱，河水断流，

◎天生桥

◎神牛湖

◎闪长玢岩

◎闪长玢岩与雾迷山组

◎竹叶状白云岩

只有此处有水，附近的百姓就从这里挑水。但一条鲶鱼精霸占了这片清泉，经常祸害来这里打水的人们。人们降伏不了这条鲶鱼精，十分着急。一天，百姓的一头大黄牛到这里来喝水，鲶鱼精伸出两根胡须缠住牛角，想把它拉进湖里淹死。大黄牛拼命挣扎，和鲶鱼精纠缠在一起，人们见状立即上来抓住牛尾往外抻。在大黄牛和人们的共同努力下，鲶鱼精被抻到岸上，被人们打死，从此，这个湖被百姓称为“抻牛湖”。

叠瀑洞天。顺鹅卵石甬路向下行，穿过一个小洞，出现了两个陡坎，并有水流经过形成阶梯状的小瀑布。瀑布柔美轻盈，如月笼轻纱，又像洁白无瑕的垂帘，落下的地方为一清潭，水花飞溅，水声潺潺。这是一幅十分优美的画面，有人在画中游之感，这就是叠瀑洞天。哪位能工巧匠造就了此景呢？原来是岩层近水平状发育了垂直裂隙，由于流水长期的冲刷、侵蚀和风化作用的影响，以及岩性的差异，沿节理与层面剥落，形成冲蚀沟和潭，出现“跌岩为瀑，流连为潭”景观。

锯齿状岩壁。这里看到的锯齿状

◎锯齿状岩壁

◎回音壁

岩壁，是由于岩壁上的岩石沿两组 X 形节理面剥落，再经过流水冲蚀，沿节理缝不断扩大而形成。

竹叶状白云岩。在这一山体露头处可以看见好像郑板桥的得意之作《墨竹》镶嵌在上面。在 12 亿年前，这里是滨浅海地带，刚生成的薄层状灰岩或白云岩，还没有完全固结，被海浪和风暴打碎，然后在水下被钙质或白云质沉积物胶结起来，形成了类似竹叶状的砾岩，呈不定向排列，地质学上称“竹叶状砾石”。

“不见天”嶂谷。为 Z 形曲折、狭窄的嶂谷，这是由于岩层中有两组垂直的 X 形裂缝（节理），沟谷沿 X 形节理裂开，使嶂谷两壁呈锯齿状而形成的。“不见天”是嶂谷形成的初期，嶂谷狭窄，两壁未达到完全直立的状态。

回音壁。这段嶂谷东面的岩壁为巨大陡直的弧形岩壁，利于声音的反射回响。因此，当站在嶂谷中心喊叫，便发生回音绕耳，就连山顶缆车处也可听到声音的回响。

怪峰。这座山峰，令人望而生畏，更奇妙的是从不同方向会看到不同的造型，或如朝天吼叫的恶狼，或如屹立于峡谷当中的大将，又像一个母亲抱一个小孩儿，变化多端。究其原因是由于岩层中发育多组裂缝（节理），受后期“差异风化”作用影响，而造成形态不同。

擎天柱。高高耸立的石柱，险峻、壮观，因有高耸入云之感，故称“擎天柱”。这是在 12 亿年前的燧石条带白云岩，产状近水平，并发育了直立

◎叠瀑洞天

◎“不见天”嶂谷

©怪峰

©擎天柱

的多组节理，受长期的风化作用使周围的岩块垮落，只留下这块高高的石柱在此独立支撑这片天空。

百里峡中还生长着许多珍稀动植物。

岩松鼠。别称扫毛子、石老鼠，属啮齿目松鼠科，是中国特有物种。岩松鼠体型中等，体长约 20 厘米，尾长短于体长，尾毛蓬松而较背毛稀疏，全身由头至尾基及尾梢均为灰黑黄色。背毛基灰色，毛尖浅黄色，中间混有一定数量的全黑色针毛。攀爬能力强，在悬崖、裸岩、石坎等多岩石地区活动自如。清晨活动时常发出单调而连续的嘹亮叫声。岩松鼠已列入中国《国家保护的有益的或者有重要经济、科学研究价值的陆生野生动物名录》和 2008 年《世界自然保护联盟（IUCN）濒危物种红色名录》。

黑鹳。又称黑老鹳、乌鹳、锅鹳、黑巨鹳、黑巨鸡、哈日—乌日比，是鹳科鹳属的鸟类，2005 年列入《中国国家重点保护野生动物名录》Ⅰ级，2012 年列入《世界自然保护联盟（IUCN）濒危物种红色名录》ver 3.1– 低危（LC）。黑鹳体态优美，体色鲜明，活动敏捷，性情机警，曾经是分布较广且较常见的一种大型涉禽，但种群数量在全球范围内明显减少，处于濒危状态。百里峡谷崖壁上的天然洞穴是它们的栖息之地。

独根草。为中国特有属，多年生草本植物，高 10~25 厘米，具粗壮的根状茎。独根草的生命力非常顽强，独茎、独叶、独根，先开花后长叶，

◎岩松鼠
◎黑鹳
◎独根草
◎中华秋海棠

像一把绿色的小伞非常有力地挺拔开来，生长在山谷或悬崖石缝处。它不仅花叶孤单，而且结构独特，叶脉是典型开放的二分叉脉序，这是一种很原始的脉序。独根草性温，味甘，为中国特有，只在很少的地方有发现。

青檀。又名翼朴，稀有种。为中国特有的单种属，是国家二级保护植物。青檀木质坚硬，树干可以做拐杖、擀面杖，树根可以做根雕，它的茎皮纤维是制造宣纸的重要材料。中国十八般武艺里的棍就是用青檀制作的，因为它不但有韧性、弹性，还有坚硬如铁的刚性。

中华秋海棠。峡谷中到处开满了野生海棠，海棠峪便因此得名。每年七八月间，海棠盛开，整条峡谷缤纷多彩，让野三坡充满了独特魅力。这里的海棠有一个美丽名字——中华秋海棠。关于海棠花还有一个美丽的传说。在很久以前，山里住着父女俩，父亲叫马三河，女儿叫马海棠。有一天，父女二人上山打柴的时候遇到了老虎，海棠为了救父亲与猛虎搏斗，等乡亲们赶来打跑猛虎时，海棠姑娘已经伤重身亡

◎青檀

◎耳羽岩蕨

了。抬她下山时，沿路撒满了海棠的滴滴鲜血。第二年的仲夏时节，洒过鲜血的地方长满了粉红色的小花，就是我们今天看到的海棠花。这是一个凄美的传说，但是从传说里也可以感受到中华民族的传统美德——勇敢和孝义。

在峡谷内还生长着一种植物叫耳羽岩蕨，当地百姓叫它“蜈蚣草”或“羊齿兰”。耳羽岩蕨可以释放大量负氧离子，促进血液循环、新陈代谢。

第二节　嶂谷揭秘

有山峰，必定有峡谷。峡谷是一种深度大于宽度、两坡对峙而陡峻的线状负地形，其横向切面呈U形或V形，是地壳隆升、河流下切作用的结果。峡谷的谷坡常由坚硬的岩石组成，谷底常具流水和沙砾。两谷坡的夹角有大有小。当夹角趋于零，切面呈U形，谷坡近直立，深度远远大于宽度，此时的峡谷，人们称之为嶂谷。与峡谷相比较，嶂谷一般分布于峡谷的上游，处于高海拔的深山峻岭之中，从形态上更险更峻，更惊心动魄。野三坡百里峡属于典型而罕见的构造—冲蚀嶂谷，具有研究嶂谷以及峡谷形成的科学意义。

百里峡内十悬峡、海棠峪、蝎子沟等峡谷的两壁直立如刀削斧劈，高高耸立，

◎百里峡是典型的嶂谷地貌

◎燧石条带白云岩

谷底狭窄，仅可容一至三人并排穿行，是典型的构造—冲蚀嶂谷。

为何独独在野三坡形成了百里峡这一世界奇观呢?

2.1 物质与构造基础

构成百里峡的物质基础主要是雾迷山组和闪长玢岩。

雾迷山是天津蓟县境内的一座小山，也叫五名山。1931 年，从北京大学刚刚毕业的高振西等人在蓟县一带开展地质调查，发现一套厚度超过 1000 米的燧石条带白云岩（当时统称灰岩，可用之烧白灰），就把这套地层命名为“雾迷山灰岩”。1959 年，全国地层会议综合了许多地质学家的调查与研究成果，丰富了其地质内容，把“雾迷山灰岩”更名为“雾迷山组”。雾迷山组的下部以燧石条带白云岩为主，白云岩次之；上部则以白云岩为主，燧石条带白云岩次之。岩石成层产生，是典型的沉积岩，层理面总体上平直，偶有起伏，有时可见斜层理、波痕，层面上还可见到裂痕、雨痕等。雾迷山组的岩石是什么时候形成的？地质学家使用同位素年龄测试的方法，确定雾迷山组岩石的年龄为 12.07 亿 ~13.1 亿年，其形成的时间为 1 亿年。

除雾迷山组之外，组成百里峡的地球物质还有什么呢？经调查，还有闪长玢岩体。闪长玢岩在海棠峪与十悬峡均能见到，呈暗灰色或灰绿色，以块状产出，与成层的雾迷山组岩层不同。组成闪长玢岩的矿物有粗有细，具有斑状结构，粗大的颗粒为斑晶，主要是斜长石、角闪石；细粒的颗粒为基质，主要是长石；偶尔有黑云母、辉石、石英等矿物的出现。闪长玢岩形成的时间跨度很大，从寒武纪到第四纪，但多见于三叠纪、侏罗纪、白垩纪。百里峡景区的沙岭西闪长玢岩体在燕山中期的侏罗纪形成，由此推测海棠峪及十悬峡的闪长玢岩的年龄为 0.65 亿 ~2.05 亿年，属白垩纪、侏罗纪。闪长玢岩属于岩浆岩，它由炽热的岩浆从地下深处上侵到浅部冷却结晶形成。百里峡的闪长玢岩属于浅成侵入岩。

长期隐伏于雾迷山组燧石条带白云岩中的闪长玢岩会对景区地貌的形成与演化起到什么作用？让我们以虎泉与天生桥为例。

虎泉是一口清澈的水井。水井上部岩石属于燧石条带白云岩，下部岩石为闪长玢岩。白云岩的化学成分为碳酸镁，在水中可以溶解，在二氧化碳气体中溶解得更快，溶解之后，就会留下孔隙；同时，白云岩中发育有许多的裂缝。山上的水，就会通过孔隙和裂缝下渗。下渗的水，如果被阻挡而集中向一个方向汇聚，则成地下水的潜流。

◎闪长玢岩

◎闪长玢岩的侵入接触：上部是雾迷山组灰岩，下部是闪长玢岩

◎灰岩（上）与闪长玢岩（下）

◎闪长玢岩上的节理

这种阻挡地下水进一步下渗的岩石，就是闪长玢岩。

天生桥的桥拱由雾迷山组燧石条带白云岩构成，桥墩的上部也由白云岩构成，但桥墩的基座却由闪长玢岩构筑。可以说，白云岩与闪长玢岩在建构天生桥时合作得天衣无缝。究其成因，天生桥处以前曾是巨大的溶洞，后来因风化剥蚀，溶洞的顶坍塌了，只剩下天生桥这一线的洞顶，因此成桥。而此处溶洞的形成，就是地下水曾经集中在白云岩与闪长玢岩的接触面长期流动，淘空了白云岩，因此成洞。

两处景点，闪长玢岩所起的作用就是隔水。百里峡景区的闪长玢岩，对百里峡地质地貌景观的形成起到两点作用：一是岩浆上侵过程中导致雾迷山组地层形成裂缝；二是形成之后作为潜水面，加强了地下水动力的地质作用。

此外，从地质构造的角度探讨嶂谷形成的控制因素，节理的重要作用也不可缺少。

节理并非由矿物组成的岩石，只是一种空间结构。节理存在于岩石中，地质学家根据节理与岩石形成的相对时间，把节理分为原生节理和次生节理两类。原生节理在岩石形成过程中形成，如沉积岩因暴晒缩水形成的泥裂，岩浆岩因冷却收缩形成的柱状、放射状、层状节理等，均是原生节理。次生节理则是在岩石形成之后受应力的破坏而形成。

地表的岩石，绝大多数都存在着节理。因为岩石经历了上百万年到数十亿年的演化，哪能不受应力作用而碎裂呢？但节理只存在地下10多公里之上的上地表之中，因为节理属于脆性的破裂；10公里以下地温已经较好，岩石已进入了韧性状态。

近垂直分布的节理，可称为垂直节理。近垂直的意思是倾角不一定就是90度，它可能是75~90度。这样的产状，节理两侧的岩石因重力作用而引起摩擦力最小或近于零，岩石在风化过程中最不稳定，易发生坍塌。

百里峡的垂直节理极为发育。最著名的当属海棠峪的金线悬针。曲径通幽之处，一条平整的裂缝从天而降，直入谷底，高足有百多米。裂缝的上部、中部是空的，山谷的风可以择缝而过。可结成冰的雨雪自然正好可以流入裂

◎破碎的岩石沿裂隙（节理）垮落

◎岩块沿裂隙（节理）整体垮落

缝。这样的垂直节理，两侧的岩石相互分离，处于不稳定的状态，很容易导致坍塌。

2.2 孕育

宏大的垂直节理是嶂谷孕育的前提条件。

组成嶂谷的雾迷山组形成直至闪长玢岩的上侵，其间至少经历了 10 亿年的地质演化，多期多次地受到水平挤压应力的作用，形成了多组共轭剪切节理或张节理性质的垂直节理。但这部分垂直节理并不是百里峡嶂谷形成的前提条件。因为，这种区域上的节理到处分布，方圆几千公里均有其踪影。与区域上的比较，百里峡只是一个极为特殊的奇点。

区域垂直节理形成之后，约在 6500 万年前，燕山、太行山地区发生了强烈的燕山期构造、岩浆活动，大量的岩浆上侵形成侵入岩或火山岩。幸运的是，百里峡地区的岩浆上侵作用恰到好处，既没有喷出地表形成雾烟滚滚的火山岩，也不是上侵到地壳的深处，其作用仅限于深部，而对地表没有产生明显的响应，但却上侵到离地表很近的地方，约在地下两三公里，其岩浆对近地壳的围岩产生了局部的巨大压力，

◎洪水冲走碎石，嶂谷形成

并向上拱起。这拱起的过程中，或袭用原有的垂直节理，或产生新垂直张节理，因而在闪长玢岩侵入体上方形成了宏大的追踪张节理或雁行张节理，并导致主要垂直节理的密集分布，形成宏大的垂直节理带，并使节理之间岩石发生了较为严重的破碎。

分布于闪长玢岩侵入体上方的垂直节理带，是百里峡嶂谷的胚胎。

2.3 雏形

地壳的隆升是嶂谷形成的充分条件。

垂直节理带，除具有密集的节理面和其间岩石破碎外，与其他岩层没有太大的区别，但在地壳的升降运动中，表现出不同的抗风化能力。当地壳下降，地表处于沉积状态，垂直节理带易于渗水，是地下水作用强烈的地方，具有岩溶形成的条件。但在地壳上升过程中，垂直节理带则比围岩具有极易风化的潜力，在寒冻风化、生物风化等作用下，垂直节理之间的岩石崩塌、剥落，渐渐露出条带状的浅坑，即为嶂谷的雏形。

太行山与燕山之所以成为一坡又一坡的高山，即是地壳隆升的直接证据。约在喜山运动的早期，百里峡地区强烈上升，嶂谷即是伴着大山的隆起而形成雏形。

2.4 诞生

河流冲蚀搬运作用是嶂谷诞生的必要条件。

在地壳隆升过程中，垂直节理带中风化的岩石碎屑，如果继续堆积在节理带的上方，则在一定程度上阻碍了节理中岩石的进一步风化。因而，把风化的岩石碎屑及时地清理出现场，将是嶂谷诞生的必要措施。

在山区，对岩石碎屑的搬运，一依赖风，二依赖水。风只能带起细粒的沙尘，水则可推动巨大的砾石。水流搬运的能力与其流速、流量成正比关系。细小的泥或沙，一般成为水中的悬浮物，但较大的粗沙或砾，则由流水推动而去。夹泥沙或砾石的水流中，颗粒运动速度不一，则发生相互碰撞、摩擦，颗粒的棱角已渐渐失去，成为球状的卵石或细细的粉沙。另一方面，滚动的沙砾对谷底具有磨蚀、刨蚀作用，谷底的岩石因此被刨蚀、被磨光。不断的风化、不断的搬运，垂直节理带上方的凹坑越来越深，嶂谷由此形成。同时，垂直节理带中不易风化的岩石则残存下来，形成孤立的柱、片状的峰等异常的地貌景观。

浅成侵入岩、宏大的垂直张性节理、河流的搬运作用，三位巧合成一体，才导致嶂谷的形成。这种巧合，在地球演化历史中出现的概率并不高，所以百里峡才具有独特性。

第三章

鱼谷洞泉：水色幽柔洞更奇

鱼谷洞泉景区，一泉、一洞、一山，均令人称奇。一泉为鱼谷泉，谷雨前后的漆黑之夜，曾有数千尾的国家二级保护鱼类从泉口喷出；一洞为鱼谷洞，其发现的洞底砾岩与众多的石钟乳等化学沉积物琳琅满目；一山为佛洞塔，实为一座平顶山，顶为530万年前形成的唐县期夷平面，其海拔高程为1027米，比太行山东麓同时期的夷平面海拔高程足足高出约500米，野三坡得天独厚的秘密由此渐渐被揭开。

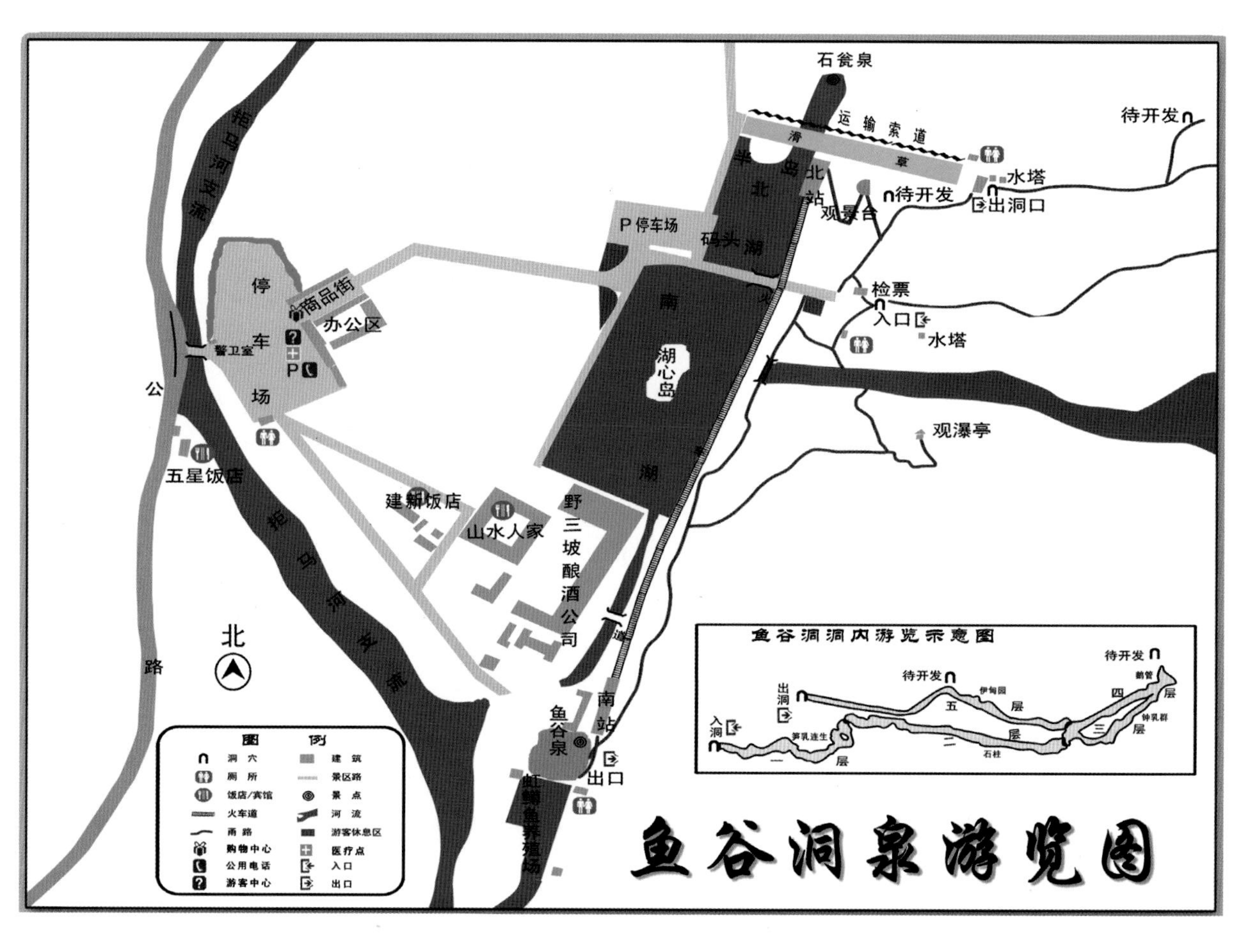

◎鱼谷洞泉游览图

第一节 鱼谷泉

鱼谷泉，也叫鱼谷洞泉，位于佛洞塔山麓的小西河河畔。泉流量约每秒400升，泉水近于恒温14℃，冬暖夏凉。每到谷雨前后，泉口喷出当地老乡所称的“石口鱼”，旺年多达1000余公斤。

这种世上的奇泉许多地方都有发现。如广西壮族自治区平果县的“莫六鱼”泉，洞口常常涌出嘴唇肥大、头在腹下的奇鱼，因重量均不足6斤，人称“莫六鱼”。湖北神农架漳河的乔家山岩壁悬一线泉，每当春季雷雨之时，便有鱼群从泉口飞出。鱼泉最集中的，可能是四川省的城口县，现已发现鱼泉50多处，每年约有60吨的鲶鱼、齐口烈腹鱼等跃出泉口。四川省还有许多奇特的鱼泉，如渝北区洞溪峡谷中的“排花洞”，石柱县鱼泉村的“鱼泉洞”等。

黄河流域以及海河、辽河流域，鱼泉不多，屈指可数。野三坡鱼谷洞景区发育有大量的泉群。鱼谷泉、神鱼泉、神洞泉、神天泉构成四大泉群。其中鱼谷泉因产鱼而备受关注。

太行山区溪少河不多，鱼不易见。为何此小西河畔盛产“石口鱼”呢？这种鱼有什么特别之处？为何“石口鱼”在此泉喷出？又为什么在谷雨时节“半夜”时分喷出？这些问题非常有趣。

◎鱼谷泉

“石口鱼”学名为“多鳞铲颌鱼”，属国家二类保护动物。

多鳞铲颌鱼体长、头短、脊黑、肚白、刺硬、骨坚，穿新月形黑斑鳞片，体重不大，每尾六七两，属鲤科、鲤形目、硬骨鱼纲。生活于海河上游，在渭河以及淮河、长江上游等海拔 300~1500 米山区寒冷的水域也有分布。

此鱼一般栖息在河道砾石的水底，常借助河道中熔岩裂缝与溶洞的泉水发育，秋后入泉越冬；以水生无脊椎动物及着生在砾石表层的藻类为食，取食时用下颌猛铲，进而将身体翻转，把食物掰入口中。

属海河上游的拒马河，是多鳞铲颌鱼分布的北界。多鳞铲颌鱼是北方的稀有物种，十分珍贵。

多鳞铲颌鱼因其肉嫩味鲜，是山溪中之上品。以往的旅游项目中有“柴锅贴饼子熬小鱼”美食，其中就有多鳞铲颌鱼。

多鳞铲颌鱼每年出泉一次，并多选择在谷雨时节，其原因有三种说法。

一是“鱼口压力说”。在 2005 年开发鱼谷洞时，从洞里捞出 500 多公斤多鳞铲颌鱼，说明地下溶洞或地下河是多鳞铲颌鱼生存的家园。在地下生长，生存空间自然有限，鱼食资源更加有限，因而不能无限制地繁殖下去，鱼类就采取自然淘汰的办法，来维持生态的平衡。多鳞铲颌鱼出泉时，集群

◎多鳞铲颌鱼

而出，时间持续一周左右，头部朝内，尾部向外，似乎依依不舍。

另一种是“繁殖说”。多鳞铲颌鱼雄性个体的性成熟一般在3龄以上，雌性为4~5龄，怀卵量在1万粒。但生殖季节在什么时候呢？是在谷雨吗？如果不在谷雨，为何又纷纷游出幽暗的洞，奔向有水草、富沙砾而易于让鱼卵着床的河流呢？经鱼类学者研究，多鳞铲颌鱼繁殖期多集中在5月下旬至7月下旬，而不是在谷雨时节。

再者为“迁移说”。多鳞铲颌鱼虽然经寒，但所生存山区的水域在冬天时可能结冰，河流无水或少水，不宜于鱼生存。因而秋时临近冻冰之时，多鳞铲颌鱼已觉风萧萧中的河水寒，便钻进了即便是严冬中也温暖的地下河或地下湖，安安心心“冬眠”。一旦春天来时，随着自南而北春雷响过、春雨漫过，春江水暖鱼先知，在“谷雨下雨，四十五日无干土”的时节，谷始得雨，便游向春天的河水，开始一年一度能见阳光的新生活。

第二节　鱼谷洞

我国是个多溶洞的国家。广西壮族自治区桂林市的七星岩、福建省宁化县的天鹅洞、贵州省织金县的织金洞、河北省临城县的崆山白云洞、北京市房山区的石花洞、辽宁省本溪市的望天洞，均著称于世。我国溶洞虽然分布很广但不均匀，华南、西南最多，长江中下游地区次之，华北再次之。位于华北地区的鱼谷洞，已属高纬度的溶洞了，十分珍稀。

从区域看，溶洞的分布受多种因素的控制。首先是岩石的控制。溶洞均发育在可溶的岩石之内；而可溶的岩石，一般是碳酸盐岩、硫酸盐岩、卤素盐岩，后两者在地球上较为稀有，前者分布广泛，常以石灰岩、白云岩的形式分布。不可或缺的是地下水的控制，没有水的参与，则不易形成经典的溶洞，因水以化学作用溶蚀可溶的岩石，以物理作用侵蚀易蚀的岩石，两者结合则可以在岩石中淘出洞来。而水的有无多寡与气候有关，温暖湿润的气候具有强烈的降水，因而具有活跃的地下水活动，易于形成溶洞。再者，虽然处于同一气候带内的同种可溶岩石分布区，但并非处处都有溶洞发育，因为还被地质构造所控制——断裂、节理发育的地方，岩石常常破碎，裂隙、孔隙常常发育，是地下水的通道，地下水在此活动，则最易形成溶洞。三种控制因素的差异，常导致溶洞的形

◎溶洞

态、规模、沉积物的不同，而因决定溶洞科学研究与旅游审美价值的差异。截止到2007年底，鱼谷洞已探明的长度近3000米，开发1800米，洞洞相连，共有五层，发育有石花、云盆、鹅管、石柱、钟乳石等美丽的溶洞沉积物。

游览鱼谷洞，给我们带来愉悦的同时，也会激励我们探求科学知识。

◎寒武系地层的岩石及节理

◎泥质条带灰岩

2.1 鱼谷洞为何在紫石口

因为紫石口处于小西河注入拒马河的河口附近的山麓上。这个位置，具有特别的地下水及构造地质环境。

鱼谷洞发育于寒武系地层中，其所组成的岩石为泥质条带灰岩为主，属易于溶解的较为松软的可溶岩。此地的寒武系，地表出露的宽度约有5公里，东西方向呈条带状展布，至房山区的龙门台后转呈北东方向延伸，延绵近百公里。这广泛分布的、体积庞大的可溶岩，为溶洞的发育提供了物质基础。

自北而南的小西河流过紫石口，穿过了寒武系泥质条带灰岩，加之地貌上总体呈北高南低的趋势，地表水及地下水活动强烈，具有形成溶洞的水环境。其他地段并没有像小西河一样穿过寒武系地层。

小西河靠近紫荆关深断裂，因之次级断裂和节理发育，岩石相对破碎，提供了地下水活动的空间，在地质构造上有利于溶洞的形成。而寒武系分布的中部、东部，已远离紫荆关深断裂，因构造作用引起的岩石破碎程度趋于减弱。

因而，紫石口附近，是这条寒武系泥质灰岩分布区内形成溶洞最好的地段。

2.2 鱼谷洞有多长

2003 年，人们所见到的鱼谷洞只是一处长约 200 米、宽约 10 米、高约 1~20 米的不起眼的溶洞。但在此洞的“尽头”，存在着一个水潭，给了地质学家想象的空间。因为生活着约 2000 尾多鳞铲颌鱼的水潭为一池活水，水面高出洞口 7 米，比现代河床高出 30 米，是个“悬着”的水潭，由此推测水潭的水另有高程相对较高的地下河连通，否则多鳞铲颌鱼游不到这个水潭里来。

◎鱼谷洞的砾岩

鱼谷洞内发现了砾岩，为洞长度的估算提供了一条难得的线索。该砾岩为“古河床砾岩”，是地下河的河水搬运而来的。第一，砾岩大小不一，大者如西瓜，小者如花生，说明当时地下河河水的水动力条件较强，汇水面积较大，否则不能带来巨大的砾石。第二，砾石的成分不同，有的是灰岩，属寒武系；有的岩性可能为砂岩，属侏罗系地层的岩石。第三，砾岩棱角已失去，较光滑，具有一定的磨圆度，是经过一定的距离搬运而来。根据这三者提供的信息，鱼谷洞可能源于寒武系与侏罗系地层的接触地带，其长度可能超过寒武系分布的宽度，即鱼谷洞的长度至少在 5000 米以上。

2.3 洞有几层

鱼谷洞洞套洞、洞连洞，已知呈五层的结构。但鱼谷洞可能会有几层呢？

洞的结构，其实由地下水溶蚀过程所决定。当地壳较稳定时，潜水面与侵蚀基准面的相对高度恒定，地下水或暗河具有充足的时间进行侧向侵蚀作用，不断加宽地下溶洞的宽度，同时不断减小溶洞的河床的梯度，导致这个时期的溶洞有一个高程大致相似的河床，为溶洞的一层。但当地壳不稳定而抬升时，侵蚀基准面降低，水动力作用加强，地下水下切，导致洞底下切，渐渐向另一层的溶洞方向发展。一般，溶洞的一层，代表着一次地壳相对稳定的时期。因而，溶洞层数的多少，代表着地壳抬升过程中稳定时期的个数。

太行山及燕山地区地壳的上升过程具有相似性，因此其中发育的溶洞层数应具有可对比性。与鱼谷洞相邻的房山石花洞也是层楼式结构，洞体分为上下七层，最底者为地下河。由此可见鱼谷洞也应是具有七层以上的楼式结构。

层楼式结构的溶洞，多在地壳上升时期形成。一般是海拔较低的溶洞较新形成，海拔较高的溶洞形成时期较早，具有辈分关系。

2.4 洞有何物

鱼谷洞除深不可测的多层洞厅以及令人费解的如洞底砾石的物理沉积物外，还发育有琳琅满目的化学沉积物。鱼谷洞的化学沉积物可分为两种：一种是重力水沉积物，另一种为非重力水沉积物。地球上的各种物质，当然均受到垂直向下的重力的吸引。但水具有特殊性，水在宏观的状态，如呈水滴、水流之时，以受重力作用为主；在微观状态下，毛细管作用加强，其作用超过重力的影响，水的运动开始不遵循向下的运动，它可以垂直向上或倾斜地向上运动。甚至，地下水自高向低流动时，可能承压，克服了重力作用而喷出，其不限于垂直运动。溶洞中沉积物的形态因此丰富多彩。

重力水的形态可分为滴水、流水、池水、飞溅水等类型。

滴水常从洞顶或凹凸不平的洞壁铅垂下滴，形成鹅管、石钟乳、石笋、石柱等沉积。一般先形成鹅管。鹅管自洞顶向下生长，呈细透明或半透明玻璃管状，多呈浅黄色、黄色或白色。鱼谷洞鹅管众多，它纤细、透明，是洞穴沉积物中生长最快的一种，每百年生长 2~3 厘米，在其他洞穴实为罕见。鹅管进一步沉积，壁加厚加粗，一层层地向下生长，呈同心圆状结构，则形成石钟乳。在水滴较粗、点滴较快之时，水滴直接滴在洞底，则会自下向上渐渐沉积，形态如笋，称石笋。石笋渐渐长高，石钟乳渐渐长大，两者连接在一起，则形成石柱。

当洞体及其周围水源充足，滴水密集，则呈连续不断的水流。从洞顶或洞壁而出的流水，可形成石旗、石幔、石瀑布等化学沉积。石旗呈旗状，薄而透明，多挂于洞顶的高处，常由连续性流水形成。石幔又称石帘，如一块幕布，

◎石柱

◎石钟乳

◎石笋

◎石幔

呈波浪状，多褶皱，多由薄层水形成。石瀑布呢，正像瀑布，只是由石构成。

当洞底积水之时，常在积水池底形成月奶石、云盆等沉积。月奶石一般呈乳白色，含水量高，具有可塑性，如乳酪。云盆常形成于较大的水池中，如在水池中放一脸盆，呈近圆形，盆顶高出水面。

当水滴或水流抵达洞底之时，形成飞溅水，可形成石葡萄或石珊瑚沉积。如水在石钟乳、石笋的表面集结，形成状似葡萄的沉积物，为石葡萄。洞穴中形似珊瑚的沉积物，人们称为石珊瑚，有人说它是由飞溅水形成，也有人说是毛细管水形成，因为珊瑚枝纵横交错，有垂直生长的，也有水平或倾斜生长的。

非重力水至少有渗透水与承压水两种。

渗透水主要由毛细管作用来驱动，可形成石花、石枝。两者相似，呈不规则状生长，如花，叫石花；如枝，则叫石枝。

承压水从洞顶或洞壁的裂隙喷出时，可形成石盾。石盾，盾状，有上下两个板面，板面间为流水的出口，呈环形向外生长扩展。

◎钟乳石

◎石盾

◎鹅管

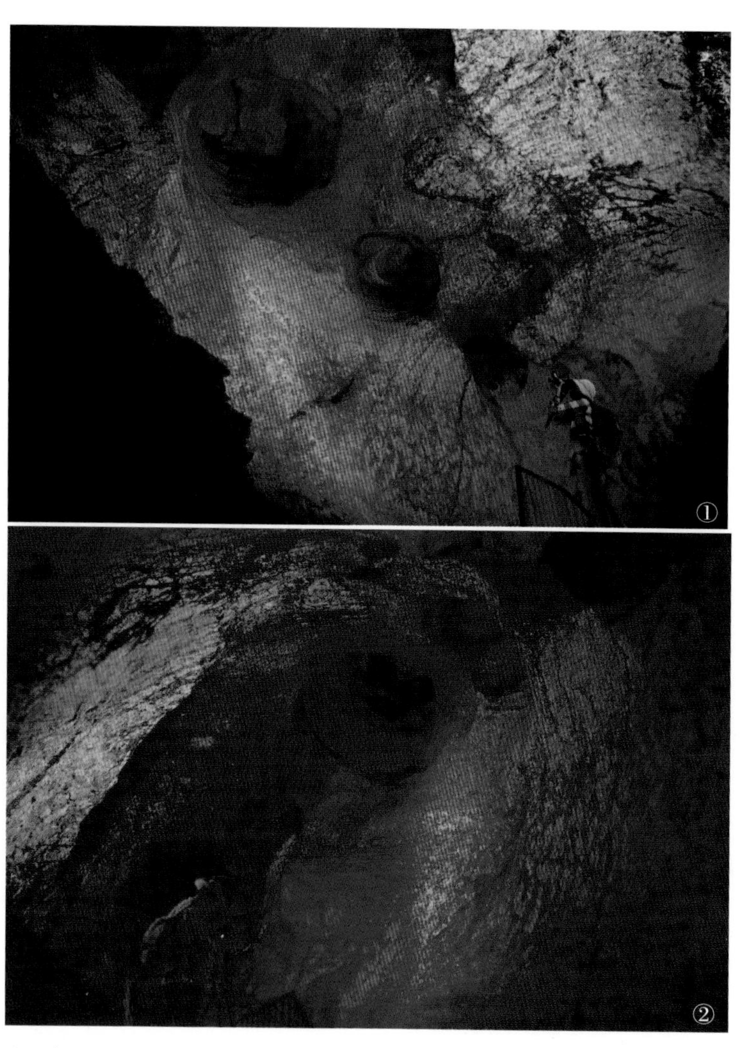

◎天锅

鱼谷洞里因碳酸钙沉积而产生的鹅管、石花、石幔、石盾、钟乳石千奇百怪，琳琅满目，多姿多彩，美不胜收。

鱼谷洞内还有一奇特景观：天锅。这些洞壁旋涡，地质学上称为“天锅”，天锅是侵蚀与冲蚀同时进行而形成的，而鱼谷洞里的天锅主要是以水的旋涡长期在洞顶旋转将岩石淘空而成，它的奇特之处就在于水旋涡在洞顶同时形成了五个，并且五个一字排开的天锅又产生在一个大的天锅中，五个天锅中又有若干个小天锅，真可谓大锅套小锅，小锅套数锅，堪称“洞中之最”。

2.5　如何沉积

溶洞中的化学沉积过程是如何发生的呢？经化验得知其沉积物的化学成分为碳酸钙，由此可知其沉积过程。

二氧化碳在溶洞的化学沉积中起到了关键的作用。自地球形成以来，空气中一直弥漫着时浓时淡的二氧化碳气体。当二氧化碳气体遇水时，形成碳酸。碳酸对碳酸盐岩具有溶蚀作用，形成易溶于水的重碳酸钙。水中的二氧化碳浓度越高，越容易溶解碳酸盐岩。随着对碳酸盐岩的溶解，水中的重碳酸钙浓度越来越高，一旦达到饱和，如果水溶液中的压力减小、温度降低，重碳酸钙产生分解，形成碳酸和碳酸钙，此时的碳酸钙即为化学沉积物。

碳酸盐岩分布地区的地下水，一般在岩石孔隙中经过长期的运移，所含的重碳酸钙已达饱和。这种地下水一旦抵达洞顶的裂缝，其压力随即减少，

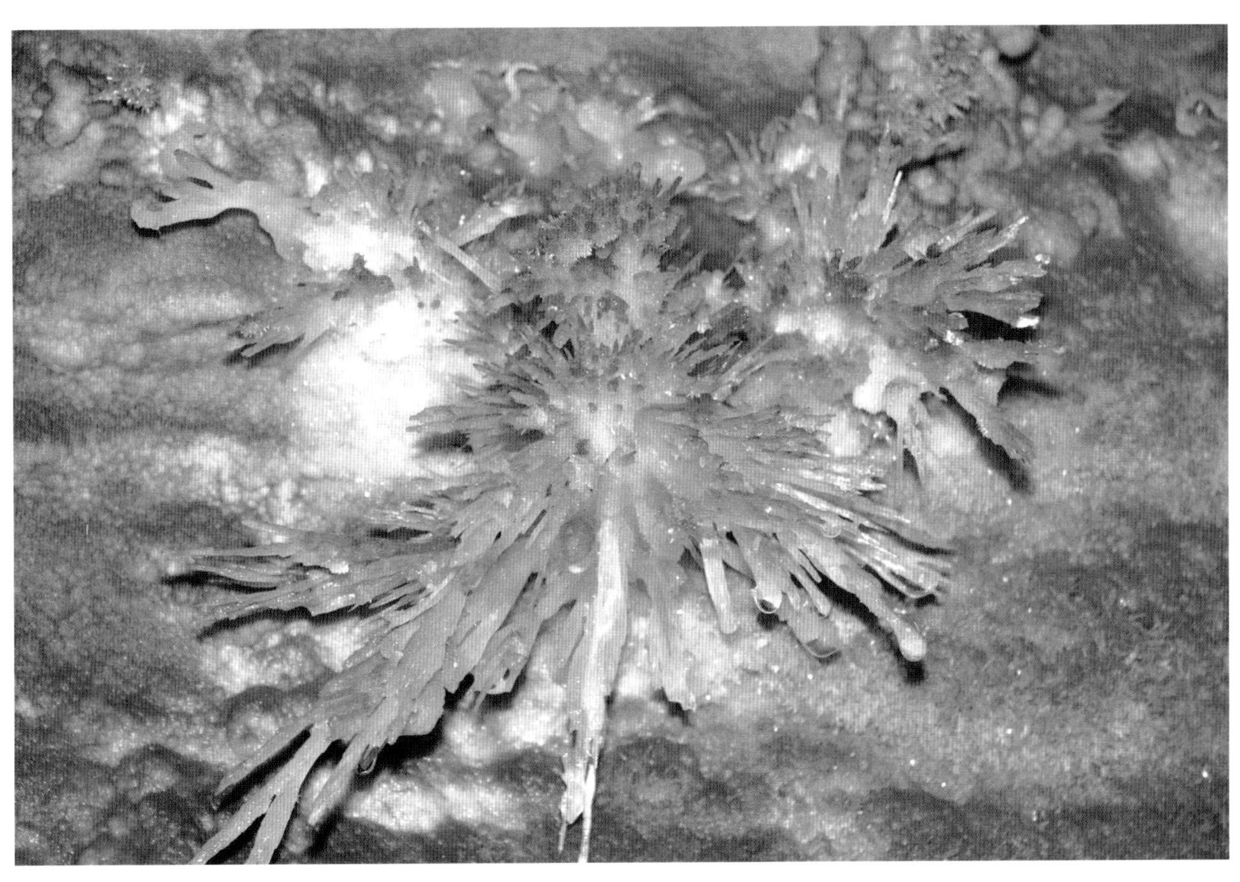

◎石花

开始出现碳酸钙析出的化学分解反应，溶洞的化学沉积随之产生。

鱼谷洞目前为止还远远没有展现它的全貌。现已探明两道距此500多米的洞穴，那里布满了各式各样的石瀑布、鹅管群以及千奇百态的石钟乳。洞内几处潭水与地下河相通，深不可测，潜水员两次探险均未找到尽头。潭内水质清澈纯净，水温9℃，其中一潭水里仍生长着多鳞铲颌鱼。

鱼谷洞还有太多的秘密等待着我们去探寻。

第三节　佛洞塔

佛洞塔其实是一座山，因山形如塔、峰上存洞、洞内供佛而得名。佛洞塔的峰不是尖峰，而是近百亩的一个平台，如飞机场一般。这个平台，为黄色的亚砂土所覆盖。亚砂土的成因，一说是坡积物，由平台下的岩石风化而成；另一说是冲积物，由外地因河流携砂带泥沉积而成。地质学家多认为这平台是夷平面。夷平面作为山顶，使佛洞塔成为名副其实的平顶山。

正因为是平顶山，古人在佛洞塔开展了影响至今的文化活动。数十棵近千年的古松，在世纪初还枝繁叶茂。自辽代以来，不仅有规模庞大的寺院建筑，更有深入民心的戏院构建，佛洞塔成为僧俗共享的风水宝地。置身海拔1027米的佛洞塔上，可见四周层山叠翠、众峰罗列，苍茫茫一片，如浮云中。这种地貌上的优越，让人与自然融为了一体。

但对佛洞塔科学价值的认识，主要还是在野三坡国家地质公园建设之时，地质学家对佛洞塔平顶山的科学考察，认为其平顶为唐县期夷平面，提供了史前佛洞塔形成的可能过程。

3.1　夷平面

地球演化的任何一个时期，陆地上均存在着侵蚀基准面，其面之上的岩石逐渐被风化、剥蚀，并由水、风等介质搬运到其面之下的地方堆积，是个削高、填洼、取平的过程。准平原、山麓平原、风化剥蚀平原等，均是这种过程的产物。陆地上起伏不大而近似平坦的、大面积展布的面，称为夷平面。

侵蚀基准面能否成为夷平面，取决于侵蚀基准面稳定的程度。在地壳运动过程中，侵蚀基准面可能因地壳的隆升而下降，因地壳的沉降而上升，也可能因地壳运动强度的微弱而保持相对稳定的状态。基准面的上升或保持恒定的时间越长，越有利于夷平面的形成，因为在这种状态下有足够的时间在削平高山、填补洼地。

佛洞塔的夷平面属唐县期。唐县期夷平面在中国陆地普遍存在，是在530万年前地壳处于相对稳定的状态而形成的平面。

3.2　平顶山

当地壳发生快速隆升，侵蚀基准面下降，河流溯源侵蚀作用加强时，夷平面会被重新侵蚀、切割，岩土由之遭风化剥蚀而被搬运异乡，沟与谷由此形成，坡与峰亦由此生成，山体一步步完善起来、成长起来。

当河流的溯源侵蚀还未能把夷平面破坏殆尽之时，峰顶仍然保留着夷平面，此时的山称平顶山。

平顶山上夷平面的大小，可作为山体发育年龄的标志。一般面积大，山体还处于幼年期。当平面趋于很小之时，山体已进入了壮年期。

而峰顶突出尖锐的山时，就步入了老年期。

佛洞塔上的夷平面仍然存在，说明佛洞塔以至野三坡的群山还处于壮年期。

3.3 野三坡

野三坡分上坡、中坡、下坡，一坡高于一坡，地貌呈层状分布。其原因何在?

野三坡及邻近地区，其实不止于只存在唐县期夷平面，它与太行山地区的地貌发育特征与规律相似。

太行山区自西向东，发育着北台期、甸子梁期、唐县期等三个夷平面。

北台期夷平面由美国地质学家维里士于1904年命名，指山西省五台山中的北台顶的夷平面。该夷平面的形成时间可能在白垩纪到古近纪的早期，年龄约为6500万年，是太行山区最古老的夷平面。其遗迹不多，野三坡国家地质公园内未见，但存在于公园外围的西北部。

甸子梁期，亦称太行山期，其夷平面形成于始新世，约在3200万年前。野三坡国家地质公园内的白草畔东山梁、金华山、抓角山等地均有分布。

唐县期夷平面最早发现于河北省唐县附近，海拔400米的低山顶部，形成时间约为530万年前后。在公园内的望京坨、花子坨、大南将岭、黄土梁等地发育，分布广泛。

◎甸子梁期夷平面

公园及外围，三个夷平面自西而东成层分布，海拔台阶式下降，年龄亦随之由老至新。这三个夷平面决定了野三坡地貌的层状分布。

3.4 唐县期夷平面的海拔

野三坡地质地貌的特殊性，还表现在佛洞塔等地唐县期夷平面的海拔高程上。

唐县期夷平面在大南岭的海拔为909米，在花子坨为1080米，在望京坨为1051米，在佛洞塔为1027米。而太行山东麓其他地区的唐县期夷平面多在400米左右。两者相差约500~600米，原因何在？意义何在？

野三坡地质公园内唐县期夷平面较高的原因，可能与本区处于太行山与燕山的交汇部位，造山运动强烈，地壳隆起幅度较大有关。同时，穿过公园的紫荆关大断裂两盘的相对升降，也左右着该夷平面的海拔高度。

◎佛洞塔唐县期夷平面

唐县期夷平面的海拔高度，其实是自530万年以来地壳隆升速度的量化指标。海拔越高，说明其隆升速度越快。野三坡地区具有极快的上升速度，说明其地质作用强烈，具有形成异常地貌的地质背景。这才是野三坡形成得天独厚地貌的根本原因。

第四章

龙门天关：万仞雄关瀚墨痕

龙门天关景区，是典型的构造花岗岩地貌。山峰挺拔，断崖绝壁高耸入云，山谷中清泉溪流激浪奔腾。上天沟内有九瀑十八潭和万亩次生林，步游其中，瀑布清泉、古树盘石，如入仙境。自古以来，这里是京都通往塞外的交通要道和兵家必争之地，金、明、清各代都把此地视为军事要塞，重兵把守，景区有许多文物名胜遗留至今。其中的内长城名传遐迩，明清代的摩崖石刻30余处，被誉为“华北地区最大的历史文化长廊”。

龙门天关旅游区导游服务示意图

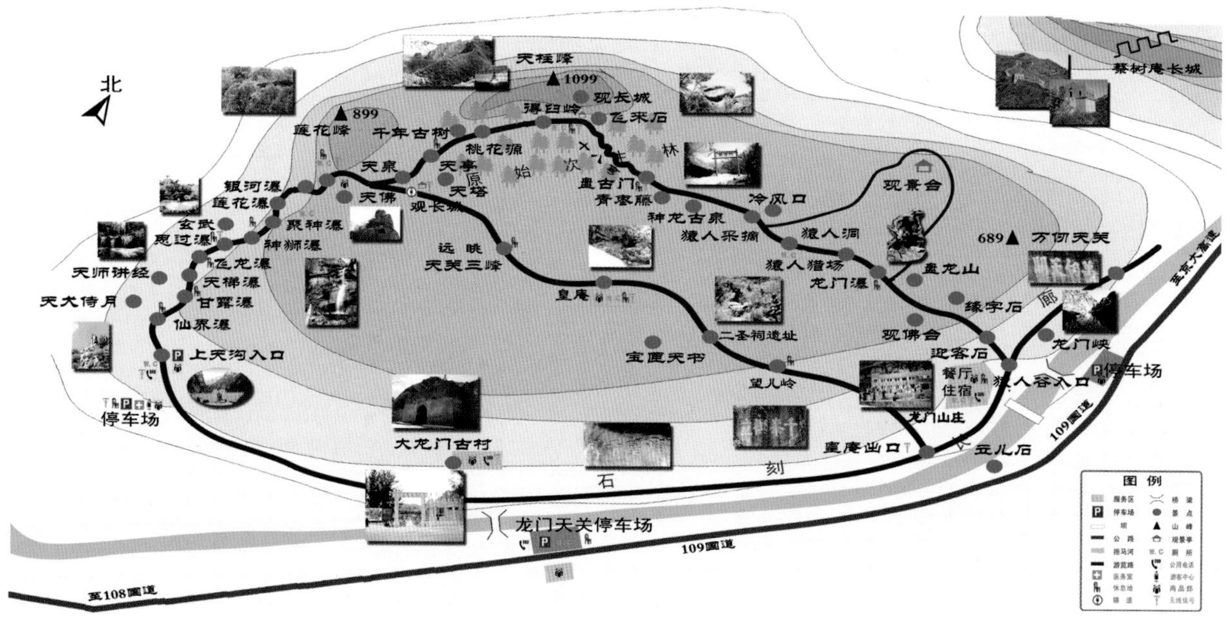

◎龙门天关旅游区导游服务示意图

第一节　花岗岩的横空出世

花岗岩是最常见、分布最广的一种岩浆岩，龙门天关花岗岩是距今 1.18 亿~0.918 亿年之间生成的，地质学称为燕山期花岗岩。

岩石可以是水成的，如在鱼谷洞景区见到的泥质条带灰岩、在百里峡景区见到的燧石条带白云岩，均属于沉积岩；也可以是火成的，如百里峡的闪长玢岩和这里的花岗岩，则属于火成岩。火成岩的物质基础为岩浆。岩浆是当压力、温度、含水量达到一定的范围时，导致岩石熔化而形成的。

岩浆的上侵过程中，会释放出气体，如二氧化碳、水蒸气等，岩浆的体积发生膨胀，压力渐渐增大，当压力达到可冲破周围的岩石之时，岩浆就会向压力较小的上方运动，发生侵入或喷出作用，形成侵入岩体或火山岩。

龙门天关景区的花岗岩属于大河南花岗岩。

火成的岩石多以不规则的形体产出，称岩体。为方便研究，地质学家也给岩体取名字，大河南花岗岩体意指分布在河北省张家口市涿鹿县大河南乡及其附近的花岗岩质的侵入岩体。

◎花岗岩山体

大河南花岗岩岩体是如何上侵形成的呢?

岩浆上侵，必定需要一个通道。通道的大小，决定了流量的多少，正如单车道与三车道通过汽车的能力存在差异一样。大河南岩体的面积达到550平方公里，是一个巨大的岩体，其岩浆上侵必定需要一个非常宽大的通道才可。但通道是什么呢?

◎断裂穿过花岗岩

距今248万~7万年期间，紫荆关深断裂活动加强，这里的花岗岩中形成一条近南北向断层，断层以西强烈上升，断层以东强烈下降，形成了“万仞天关”大断壁。断崖绝壁如斧劈刀削，绝壁前，小西河水奔腾不息，正是“两山壁立青霄近，一水中分白练飞”的真实写照。

大河南花岗岩形成于白垩纪早、中期。它并非由一次岩浆侵入活动形成，而是经过了至少三次的侵入活动。第一次侵入形成了石英闪长岩，第二次形

◎龙门峡大断壁

成斑状花岗闪长岩，第三次则形成了花岗岩及花岗斑岩。前两次侵入活动规模均小，其岩石的分布面积约占整个岩体面积的十分之一，因而以花岗岩为主，称花岗岩岩体。三次侵入，先是中性的岩浆，最后是酸性的岩浆，呈现了中性—中酸性—酸性的正常岩浆演化规律。

大河南岩体侵入之时，正值全球性的燕山运动的中期，其构造、岩浆活动均十分的强烈。如果没有大规模、同时期的构造、岩浆集结的强烈活动，不可能形成大规模的岩体。因而，大河南岩体的侵入时期，也是地球构造、岩浆活动的反映。

岩浆上侵过程中，可形成深成岩、浅层岩、喷出岩。深与浅与地表之间，还有许多的过渡。目前，大河南岩体已出露地表，研究该岩体的形成深度，可提供 1 亿年以后龙门天关地区表层岩石遭受风化剥蚀的厚度。

地质学家根据氧同位素的分析，指出大河南岩体的岩浆一小部分来源于地幔，大部分来自地壳重熔的岩浆。第一次岩浆上侵后形成的石英闪长岩体的边部形成石英闪长玢岩，中部形成结晶明显的中粒闪长岩，说明此期的岩浆冷却速度较快；第二次、第三次侵入后，形成的岩石均具有斑状结构，也说明其冷却速度较快。因而，推测大河南岩体可能属于浅中深成相的岩体，形成深度约 2.5 公里。

◎龙门大断壁前的小西河

第二节　壮丽的花岗岩地貌

龙门天关景区，一个岩体、一条断裂、一条河流，塑造了惊心动魄的景观。这岩体是面积超过500平方公里的大河南花岗岩，它的边缘形成了造型各异、形态逼真的花岗岩地貌；这断裂名紫荆关深断裂，形成于20亿年前，并影响至今，特别在白垩纪燕山期的活动，导致了大规模岩浆的侵入，奠定了本景区的物质基础；这河流称小西河，涓涓的流水，不仅揭露了大断壁，更彰显了雄伟的龙门峡花岗岩巨石，而且用多变的姿态，水石相处的时机，打造了优美的涡流石、冲流石。

大河南岩体的边缘相，发育着三组节理，北北东向与北西西向的节理倾角较大，另一组节理近于水平，因而岩石破碎，在风化过程中因重力的作用会出现局部倒塌的现象，造成局部参差不齐的边界，构成特别的造型。著名的景点有“天犬待月”“佛陀石”“镇山神将”“莲花峰”“玄武”等，

◎仙界瀑

◎天犬待月（石柱）

◎甘露瀑

◎思过瀑

◎神狮瀑

神态似人、如神、成字、像花，栩栩如生。

由于花岗岩中发育多组裂隙（节理），形成多级陡坎，每当雨季，雨水沿花岗岩裂缝汇聚成山间溪水，形成了多台阶瀑布景观。龙门天关的上天沟景区有九级瀑布，有的瀑布如银龙飞舞，抖腾长空；有的如喷洒的玉帘，银花飞溅；有的如袅袅飘飞的织练，柔美轻曼。

让我们一路走去，欣赏这如诗如画的美景。

沿着潺潺溪水，首先来到了仙界瀑。

仙界瀑是九瀑之首，瀑布落差 9 米，小小瀑布，飞溅而下，像喷洒的玉帘。沿峡谷而上，小溪顺着陡坎形成小小瀑布，在潭中激起小小浪花。在仙界瀑两侧的花岗岩石壁上，可见“断层破碎带”中的碎裂花岗岩。

在仙界瀑可以看到天犬待月，一只小狗坐在山顶之上昂首望天，等待月亮出来，栩栩如生。这是谁的杰作？这是鬼斧神工的杰作。为什么山上会有“天犬”？这是由于花岗岩中有多组

◎天梯瀑

◎飞龙瀑

◎聚龙瀑

多方向的裂隙（节理），经过后期风化作用形成的。

沿阶梯而上，溪水萦绕，水声淙淙，清风徐徐，鸟儿啼鸣。路边盛开着各色波斯菊和紫色的牵牛花，花草飘香。阶梯状的小瀑布群，给山谷带来了活力和灵气。瑰丽奇景，令人陶醉。

第二道瀑布叫甘露瀑，据说干旱时节，附近老乡纷纷来此祈求降雨，杀猪宰羊，锣鼓喧天，鞭炮齐鸣，古人云“天下太平，则天降甘露”。

第三道瀑布天梯瀑是九道瀑布中最大的瀑布，落差36米，雨季时，瀑布飞泻，如万马奔腾，声若惊雷，响彻山谷，气势磅礴，蔚为壮观。瀑布倾注潭中，飞云溅雪，滚珠喷玉。此处花岗岩断崖绝壁，如斧劈刀削，十分险峻，这是由于沿着宏大的垂直节理转化为断层而形成的。在陡崖上修筑了人工栈道，给人以绝处逢生的感觉，登上150级台阶，就进入了“天庭胜境”，饱览上天沟的美景，所以此栈道称为“通天梯”，此瀑布命名为“天梯瀑”。

第四道瀑布名飞龙瀑。这里的

◎玄武

◎镇山神将

巨石有如卧龙盘旋，当雨季时，瀑布如巨龙飞舞。

第五道瀑布名思过瀑。这里的岩壁上可见到“断层擦痕”。断层是岩层破裂，并沿破裂面发生一定程度的错动（上下或水平错动）造成的。这里的“断层”，发生在坚硬的花岗岩岩基中，断层在错动过程中，断面上常保存有摩擦留下的痕迹，称为“断层擦痕”，擦痕有一定方向，可以推断“断层”错开的方向。

第六道瀑布由于右侧山峰酷似神狮静卧，就称为“神狮瀑”了。

第七道瀑布叫聚龙瀑。此瀑山峰峭壁峥嵘，危峰绝壁，仰首眺望，怪石林立，恰似众神相聚，神态威仪。

“玄武”即玄天大帝，是道教中供奉的神仙之一。龟之首，蛇之身，一点一横一弯一钩一点组成“玄”字，便是“玄武”了。这是由于花岗岩中发育两组裂隙，一组水平裂隙，一组斜裂隙，经风化后形成。

“镇山神将”。传说他敲天鼓驱走妖魔作祟，永保安宁。这是善良的人民根据各种拟态石想象出来的故事，表达了人民最纯朴、最美好的愿望。

第八道瀑布是莲花瀑，瀑布前面

◎莲花峰

◎银河瀑

◎千层岩

◎涡流石

◎冲流石

的山形似莲花宝座，称“莲花峰”，瀑布由此得名；另外当雨季时节，瀑布腾空直泻，浪花四溅如朵朵盛开的莲花，也是命名莲花瀑的原因之一。三坡地区流传一首打油诗：“莲花瀑上莲花峰，莲化仙子展芙蓉。莲花瀑布飞流过，直奔蓬莱报天歌。”

◎弥勒岩

第九道瀑布称银河瀑，是上天沟最后一道瀑布，是九天银河之意。

常言道“山有多高，水有多深”，上天沟九道瀑布验证了这一说法。

呈现在我们眼前的大肚弥陀佛，称“弥勒岩”，它是花岗岩风化作用形成的。

◎鱼鳞石

千层岩。这里的花岗岩呈一层一层的，人们称它为“千层岩”。千层岩是由于花岗岩中的“层节理”发育十分密集而形成的。“层节理”是花岗岩的原生节理，很像一层一层的岩层，它是在花岗岩冷却过程中形成的，与花岗岩表面平行。后期的风化作用，特别是寒冻风化，使“层节理”不断扩张而成今日所见的情况。

鱼鳞石。这里的岩石真像“鱼鳞”，这是大自然巧夺天工的杰作。鱼鳞石原是细晶岩脉，由于细晶岩脉中发育了十分密集的多组裂隙，经风化作用形成了鱼鳞石。

飞来石。花岗岩本是地下深处向上侵入但没有抵达地表的炽热岩浆，它的热潮随时间的消逝而冷却、退却，石英、长石等矿物随之结晶聚集而凝固。岩体的每一处，石英的含量有少有多、有贫有富。石英相对富足的岩石，风刀霜剑不入，在周边相对强烈的风化中形体渐渐露出，当周边软弱的岩石风化殆尽，石烂之后的碎屑流离尽去，便留下坚硬的球形的核心。

涡流石。发育了“壶穴”的石称涡流石。它们是自距今 248 万年以来，更新世时冰雪融化，洪水期间强大的涡流冲蚀、刨蚀而成。上面的壶穴是携带沙子的流水局部发生涡流时，沙子进行圆周运动，不断对水底的岩石进行磨蚀的结果。

冲流石。流水不仅有涡流，还存在着层流。层流的水以直线的方式运动，其本身以及携带的沙子具有较大的动能，对阻碍物具有冲击破坏作用。龙门峡的中部，河道已较宽，水流经过时速度稍减，上游的涡流已向平流的方式转换，便形成冲流石。

◎飞来石（花岗岩地貌）

◎万仞天关

第三节　厚重的历史文化

龙门天关重峦叠嶂，绝壁万仞，险峻挺拔，如箭插天，奇石耸立，怪石嶙峋，是京都通往塞外的重要关隘，素有“疆域咽喉”之称，留下了大量历史人文景观，被誉为“华北地区最大的历史文化长廊”，历史厚重，让人浮想联翩。

龙门天关文化长廊紧邻241省道，全长1729米，由大龙门城堡、大龙门内长城、摩崖石刻组成。

龙门天关大断壁是龙门天关花岗岩中的一个大断层面，是紫荆关大断裂带的一部分。这里绝壁万仞，险峻挺拔。在大断壁上的摩崖石刻为明清时期驻守关隘的武官和巡防官留下的真迹，共刻字30余处，尤以“万仞天关”和“千峰拱立”最为醒目，字高2.15米，宽1.8米。刻字内容可分两类：一类描述关山险要雄伟，以振军威，如“峰环万叠”“险胜重围”等，多为楷书，字迹浑厚苍劲；另一类描写山河秀丽俊美，以激发将士和民众的爱国热情，如“两山壁立青霄近　一水中分白练

◎龙门天险

◎千峰拱立

◎天然形胜

◎峭壁千重

◎两山壁立青霄近，一水中分白练飞

◎金汤万仞 玉垒千寻

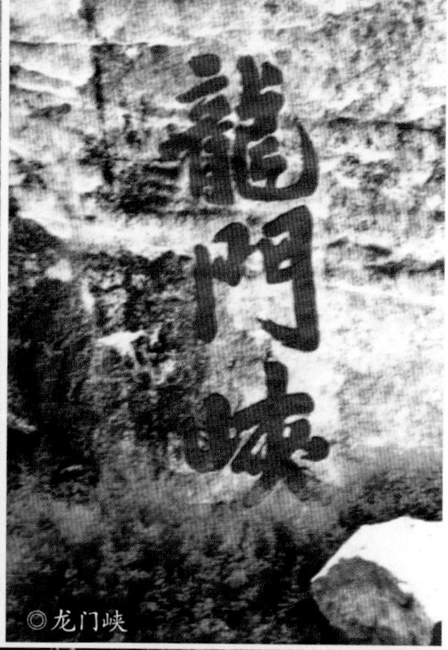

◎龙门峡

◎崇山浩水

飞”“翠壁奇峰”等，多用行草书，笔锋潇洒自如，苍劲挺拔。它们都是我国书法艺苑中不可多得的珍品，这些刻字为研究明清时代书法艺术提供了重要的资料。

“龙门天险”。郇（郇为周代诸侯国名，在今山西临猗县西南）人何东序题。

“峭壁千重”。明万历岁（1618 年）春二月十五日，督门王世兴题。

“金汤万仞 玉垒千寻”。钦依马水口总兵吕志如题。

“崇山浩水”。钦差看练两门军马太监李明善题。

“壁立万仞”。字高 1 米，宽 1 米，题字之人已无法考证。

“翠壁奇峰”“清泉泻涧”“千峰拱立”等石刻也都清晰可见。

最为醒目壮观的当是“万仞天关”四个大字。每个字高 2.15 米，宽 1.8 米。是明万历十三年（1585 年）九月，都察院右佥都御使、兵部右侍郎贾三近题。

贾三近，山东峄县人，字德修，号兰陵散客，龙庆进士，授吏科给事中，官至兵部右侍郎。

贾三近生于嘉靖，仕于隆庆，卒于万历，一生历经明朝三帝。万历十二年（1584年）贾三近奉诏拜光禄寺卿，同年九月升为都察院右佥都御史（巡抚保定）。贾三近负经世之才，其一生从事督察和谏诤，是直接服务于大明皇帝的言官。据今人考证，天下第一奇书《金瓶梅》的作者兰陵笑笑生就是贾三近。

大龙门城堡，位于龙门天关明阳山下，筑在小西河的阶地之上，这里双峰对峙，形势如门，被称为“万仞天关”，是内长城重要的城堡之一，西南以山为障，东南、东北、西北有拒马河支流小西河急流环绕。城堡周长两公里，上筑战台和垛口，辟东西两门，城门洞保存尚好。西门原有“镇宣威武”匾额，已毁；东门嵌有“屏翰都寿”四字匾额，至今清晰可见。现仅存明隆庆二年(1568年）重修城堡时所立的汉白玉碑，刻有大字草书。这里距北京100余公里，明清各朝都视为军事要隘。据《水经注》记载，这里在唐、宋以前叫“圣人城”，曾是中原与塞外的要塞重镇，屡经战乱。明代将其作为军事重

◎大龙门城堡

地重新修建，从嘉靖年间开始，由“钦依大龙门守口总指挥使把总官钦”戍守，清代沿袭明制，到光绪时废止。现存完好的大龙门城堡、城门，与其外围的军事设施遗址，仍能看到一个完整的古代关隘防御体系。自辽、金代筑城起，此处始有人烟，多为驻军将士及随军家眷，后繁衍发展成村，村民多为镇边将士之后裔，现有村民 90 余户 300 余人，仍然承传着古朴、淳厚的民风民俗。古村内，部分古宅保存尚好，青砖、刻瓦、石柱、山门等随处可见，千年古槐尚存 3 棵，上千斤条石及石碑散落在家户之中。

“二圣”指天仙碧霞元君和北极真武玄天上帝，是道教所尊奉的神。碧霞元君，传说为东岳大帝之女，宋真宗时封为天仙玉女碧霞元君。元君是道教对女仙的尊称。明朝时期，元君不但在平民百姓的眼里是一位女皇，连朝廷皇室对她也敬奉有加，碧霞元君在民间有“娘娘”“奶奶”的俗称。农历三月十五是她的生日，传说这位大慈大悲的女神能够为人们去病消灾、保佑平安、嗣子降福，深受民众的崇敬。据行宫碑记记载，玄帝行宫建于嘉靖三十六年（1557 年），有禅房 3 间，厢房 2 间，嘉靖三十八年

◎蔡树庵长城

◎壁立万仞

◎石泉泻瀑

又修圣母祠1所，方圆几百里成千上万人进香朝拜，香火极盛。二圣祠之所以建于大龙门，一方面反映了道教文化的深远影响，另一方面则充分表明了守城将士祈求平安的心理。但二圣祠在“文革”期间被毁。现仅存碑刻及残址。

蔡树庵长城属明代内长城，它像一条巨龙盘旋于崇山峻岭之脊，西起涿鹿县马水口，延伸至大龙门，全长22.5公里，沿长城设敌楼、战台、烽火台、城堡，构成一个完整的防御体系，大部分保留完整。此长城布局合理，结构严谨，气势恢宏，雄伟壮观，是我国万里长城的一个缩影。

进入上天沟后，一路上浓荫如幕，核桃树、杏树、花椒树、枣树、松树、柏树郁郁葱葱，绿海深沉。各色野花争奇斗艳，竞相开放，把山谷打扮得分外妖娆，山羊、山鸡、野兔、松鼠等野生动物时常出没林间。山峦连绵，青翠欲滴，奇峰怪石，嵯岈互异，景色美丽，似天庭胜景，绿色和谐的生态环境让人沉醉。

◎群花烂漫

◎花香蜂舞

◎柿红迎秋

第五章

白草畔景区：二林竞秀火山口

一片绿色的森林、一座冷却的火山，引起了游人极大的兴趣。该景区属国家森林公园，多样的生物，富氧的空气，宁静的山道，凭之强身健体。冷却的火山，仍然保存着火山颈，那是白垩纪火山喷发时的通道；于古近纪形成的火山岩石林，耸立于绿色的林涛之上，构成二林竞秀的绝色；一块百吨重的风动石在数十米高的悬崖边“勒马”，其成因众说纷纭，成为千古谜团。

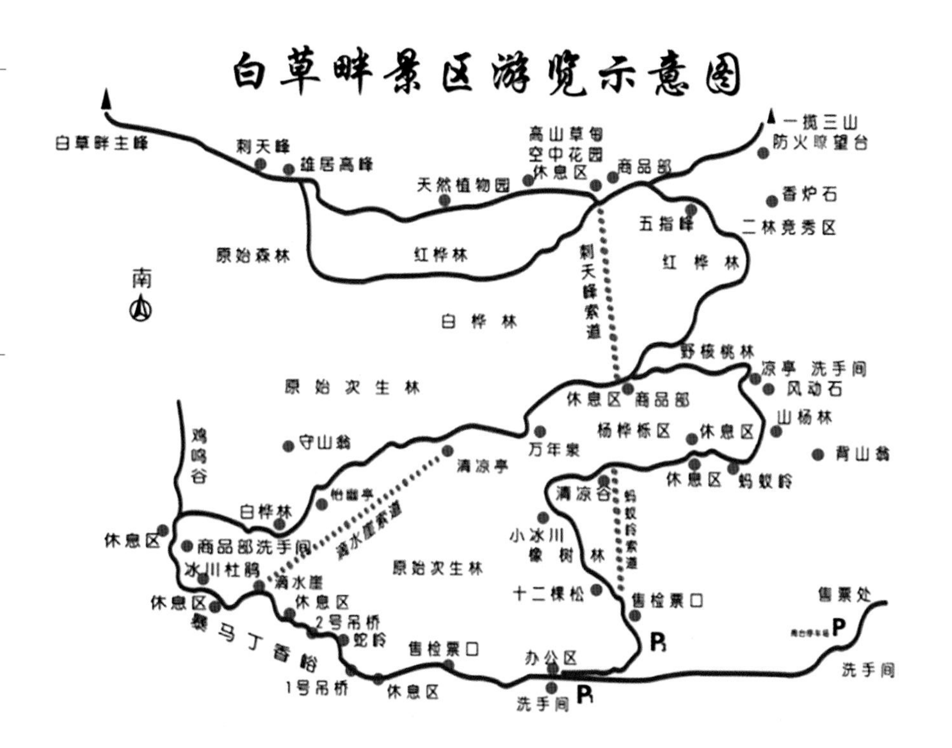

◎白草畔景区游览示意图

白草畔位于野三坡的上坡，是野三坡景区的最高点，主峰海拔1983米，与北京的百花山属姊妹峰，是京西四大高峰之一。白草畔次生森林面积达1万多亩，景区内动植物资源丰富，被誉为太行山中的“绿色明珠”。每年“五一”前后，山下春意融融，鸟语花香，山上仍有长达100多米的冰川，形成“一山有四季，上下不同天”的气候。这种奇特的“五月冰川”景观，令许多游客赞叹不已。当春、夏、秋时节，紫丁香、野玫瑰、杜鹃花等漫山遍野，清香扑鼻，沁人心脾。尤其是这里的古火山口遗迹，与绿色林海相辉映，更是一难得的奇观。

第一节 火山遗迹

白草畔景区的大泽村火山颈，独立成峰，如鹤立鸡群。其形态呈左手食指指天的握拳状，当地人称它为“恨天指”。该火山颈近圆柱状，上部有缺口，高近百米，直径约50米。大泽村火山颈不仅具有美学价值，更具有科学价值。因为它的形成时代至少为早白垩世，而该时代形成的火山机构保存至今者已

◎五月冰川

◎次生林海

◎恨天指（火山颈）

◎火山角砾岩

非常少见。大泽村火山颈的岩石为霏细斑岩，与周围的流纹质凝灰岩、火山角砾岩相比，较为坚硬，抗风化能力相对较强，因而形成了可供瞻仰的孤峰。

现代的火山活动，其浓烟滚滚、岩浆横流的景象，已在影视的画面上为人们所熟知。但亲身经历者，则屈指可数。地质学家对白草畔火山岩的研究，为人们提供了关于本区火山活动的知识。

白草畔景区的岩石多为火山岩，属两层火山岩地层：下层的岩性主要为安山岩、安山集块岩，形成于晚侏罗世；上层的岩性为流纹岩、流纹质集块岩，形成于早白垩世。该区的火山岩是如何形成的呢？

白草畔景区的火山岩与龙门天关景区的花岗岩侵入岩具有同源性，均来自地壳以及地壳与地幔的边界，都是在燕山运动期间，紫荆关深断裂发生强烈的构造运动，引起岩浆的强烈活动而形成的。

岩浆一般通过两种方式喷出地表，大部分是沿着断裂带喷溢而出，火山岩呈条带状分布；少部分是从火山口断断续续地喷发而出，火山岩呈块状分布。

喷溢的方式，由于分布在一条带上，存在多个甚至无数个出口，上侵岩浆的压力得以分散，其喷出过程可能并不壮观，并且在边喷溢边成岩的过程中，线状的岩浆喷出口易于被火山岩覆盖，后期不易辨别。但如果岩浆从火山口喷发，压力集中于一点，喷发过程可能发生瞬间的中心式爆炸，其爆发过程必定十分壮观。而且，地表的火山口与地下的岩浆房具有通道，可形成特殊的岩管，因而火山机构在后期也易于鉴别。

◎火山岩

火山活动停止后，火山岩可能要遭受风化剥蚀作用。对于喷发式的火山机构，最早被剥蚀而消失的部分是最上层的火山口。保存至今的火山口也寥寥无几，屈指可数，如五大连池、西樵山、海口等国家地质公园，还能见到火山口的形态，但它们都是新生代形成的，生成时间较短，还没有被完全破坏。对于中生代的火山，因时间更长，可能被风化剥蚀的程度更高，已很难见到其火山口了。

火山口被剥蚀后，火山颈随之出露。火山颈也称岩管，或称岩针、岩钟，常常是突出的岩峰。世界上最著名的火山颈，可能是美国新墨西哥州的舰崖，高约 450 米，十分壮观。

我国所建立的多个火山地质公园中，均很少发现火山颈的存在。但在野三坡国家地质公园中，却罕见地存在着一处十分壮观的火山颈，这十分难得。

火山角砾岩是火山喷发时由于爆发作用形成的大量火山物质。角砾大小 2~64 毫米，棱角分明，大小混杂，经冷却、压实固结形成火山角砾岩。火山角砾岩是广义火山岩的一种类型，这里的火山角砾岩是距今 1 亿年左右形成的。

第二节 二林竞秀

森林之美，令人赏心悦目；石林之雄，令人荡气回肠。白草畔的“二林竞秀”，堪称绝世之景。

让我们先来看火山岩石林。

国内的石林分布区已成知名的风景区，如云南路南的石灰岩石林、湖南张家界的砂岩石林、内蒙古的阿斯哈图花岗岩石林等，成为游人向往的地方。火山岩石林则不多见，较出名的如浙江雁荡山，但发育的是火山岩峰林。

静静地站在白草畔蚂蚁岭上的观景台，只见如海的翠绿的林涛之上，浮出片片的褐红色的“岩礁”，如“背山翁”“五佛台”“香炉石”等。

“背山翁”是在山梁上突兀地立着的一片倾斜巨石，坡下的部分如一位年迈的老翁，坡上则如一个巨大的背筐，组合起来则似老翁背山，让人联想到会让子子孙孙都去移山的愚公。

“五佛台”为一线罗列的五根石柱，遥看如面朝西方的正襟危坐的五尊大佛，故称“五佛台”。尚无人测量过每根石柱的高度，如近观，石柱抵天，高不可测。

“香炉石”是一根石柱，略呈方形，高 80 余米，顶部面积 10 多平方米，如古时的方形香炉，故得名。

“背山翁”“五佛台”“香炉石”均处于一面山坡上，罗列于海拔高程约 1650 米的水平线上，处于半山腰的位置。它们都由侏罗纪喷发的安山岩、安山质角砾岩组成，当属火山岩石林。

白草畔火山岩石林的形成，可能与岩性以及断裂有关。组成石柱的安山岩，发生了一定的硅化，使岩石具有较强的抗风化能力。二氧化硅可能来源于火山热液，它在断裂附近活动，使岩石发生硅化。断裂导致岩石破碎，未被硅化的部分易于被风化剥蚀而去，石柱伴随着白草畔山坡的形成而渐渐成

◎二林竞秀远眺

◎仰视五佛台

形。但这种看法，还有待于科学的研究证实。

尽管处于半坡的火山岩石林的成因还不清楚，但石林浮于翠绿的树冠之上的“二林竞秀”的风景，却是独一无二的。

看完石林，再来看白草畔的森林。

白草畔的森林资源，在资源种类与科考价值上得到了世界地质专家的高度赞扬。

进入景区，随处有山泉小溪相伴，哗啦哗啦的流水声原始自然。山谷两侧生长着各种不同的树种，如稠李、山杨、山柳、白桦、五角枫、山核桃等。据专家考察，这里共有4种植被类型，15个植物群系，其中珍稀植物数十种，如百花

山花楸、东陵八仙花、金露梅等。每年 7、8、9 三个月的雨季，在树林里还有大量的野生食用菌，形态各异，颜色不同，堪称“天然植物标本库”。

越过一号吊桥，是暴马丁香峪。暴马丁香，别称白丁香、荷花丁香、暴马子。每年的 5 月下旬到 6 月，不仅可以欣赏暴马丁香这一罕见树种，而且微风吹动满峪散发着浓浓的香气，让人留恋。野生的暴马丁香资源十分稀少，只有在白草畔这种环境下生长开花，也是白草畔特有的植物，已成为国家保

◎树海层峦

©背山翁

©冰川杜鹃

护树种。

滴水崖叮叮咚咚的响声，给宁静的山谷添加了优美的音符。当周围气温升高，由于泉水温度较低，便有水雾萦绕，仿佛置身于热带雨林，其环境相当湿润。到了冬天，滴水成冰，形成一个悬挂在峭壁上的巨大冰瀑，晶莹剔透，形态各异，煞是壮观，这样的景观持续到5月中旬才渐渐消融。每逢阳春4月，气候变暖，山上杜鹃花迎春绽放，但其根部依然被冰雪所覆盖，这种白色冰川与杜鹃红花相互映衬，冰川侧畔听风雨，头顶雪花赏杜鹃，真是美不胜收。冰川杜鹃花成为白草畔景区“五一”节前后的独特胜景。

◎乱花迷眼

◎漫山的野花

这里茂盛的植物环境，也给野生动物和飞禽提供了生存环境和繁殖空间。这里有褐马鸡、狍子、野猪、野羊、獾等许

◎天然的松树林

◎美丽的桦树林

◎醉人的草甸

多动物。有专家考证，区内有脊椎动物184种，其中鱼类13种，两栖类2种，爬行类15种，鸟类125种，哺乳类29种。此外还有许多无脊椎动物。这样百草丛生、灌木葱郁的原始环境真可谓野生动物的乐园。

三色桦树是这里的大森林中的又一特色。这里的桦树分为白桦、红桦和黑桦。白桦树干多呈银白色，亭亭玉立，有的直径可达近1米，高达40多米，树龄在100岁以上。红桦皮呈淡红色，在一片绿色中别有风姿。黑桦，树干呈黑色，枝丫很多，有层层黑皮，别名千层桦，也称棘皮桦。千鸟歌唱伴小溪，万亩绿海响林涛，而置身高山草甸，身旁银白色的山梨花、橙黄色的橐吾花、淡紫色的老冠草、艳红色的野玫花、金灿灿的金莲花争奇斗艳。看百花芳草，闻绿野清香，更叫人心旷神怡。

核桃楸，又名胡桃楸、楸子或山核桃，胡桃科胡桃属落叶高大乔木。核桃楸材质坚硬细密，耐腐蚀，刨面光滑，纹理美观，是我国著名的硬阔用材树种，已列入国家二级珍稀树种和中国珍稀濒危树种的三级保护植物名录。

◎核桃楸

暴马丁香，花序大，花期长，树姿美观，花香浓郁，芬芳袭人，为著名的观赏花木之一。全株可入药：其嫩叶、嫩枝、花可调制茶叶；花的浸膏质地优良，可广泛调制各种香精，是一种使用价值较高的天然香料。

杜鹃，又名映山红、山石榴，为常绿或平常绿灌木。相传，古有杜鹃鸟，日夜哀鸣而咯血，染红遍山的花朵，因而得名。全株可供药用，有行气活血、补虚，治疗内伤咳嗽、肾虚耳聋等功效；又因花冠鲜红色，为著名的花卉植物，具有较高的观赏价值。

蔡树是一种灌木，长满山川河谷。叶圆心状，碧绿，深秋遇霜尤为鲜红。成片的蔡树林非常壮观。

褐马鸡是中国特产珍稀鸟类，体高约 60 厘米，体长 1~1.2 米，体重 5 公斤左右，全身呈浓褐色，头和颈为灰黑色，头顶有似冠状的绒黑短羽，脸和两颊裸露无羽，呈艳红色，尾巴高高竖起。翅短，不善飞行，两腿粗壮，善于奔跑。褐马鸡主要栖息在以华北落叶松、云杉次生林为主的林区和华北落叶松、云杉、杨树、桦树次生针阔混交森林中。仅见于中国山西管涔山国家森林公园、河北西北部、陕西黄龙山和北京东灵山。1987 年调查野生种群仅有数百只，根据 2009 年文献报道，中国现存的野生褐马鸡数量在 17 900 只左右。被列为中国国家一级保护动物。中国鸟类学会也以褐马鸡为会标，其被誉为“东方宝石”。

©暴马丁香
©杜鹃

据涞水县林业部门统计，约有600多只褐马鸡分布在占地2.2628万公顷的野三坡景区桑园涧林场和赵各庄林场。而这两个林场均属于2003年河北省政府批准建立的河北金华山—横岭子褐马鸡自然保护区的范围之内，这里不仅地表水资源和植物资源丰富，而且其植物区系具有浓厚的温带性质，自然保护区内保存较好的自然生态环境，非常适合国家一级保护动物褐马鸡的生存和繁衍，随着涞水县野三坡境内保护褐马鸡力度的加强和生态环境的恢复，褐马鸡的数量和分布区域也在逐渐扩大。

◎褐马鸡

蓝天下的白云，凝结着远古奇观的火山遗迹，高山上的百草，云峰相接，仙雾缠绕，飘散着自然的芳香，洁净无染。在这2000多米高的山峰间，清泉流泻，常年不竭，10万亩的大森林装点着山野，如此美丽的白草畔是大自然的杰作。春有冰川杜鹃，夏至百花争艳，秋到层林尽染，冬临银装素裹。美丽的白草畔日出照山峦，云海浮山巅，举手得星月，俯瞰袅炊烟。青山中、溪水边、森林里、大地上、苍穹下，处处可见的是大自然的魅力和生命，极尽着热情与活力。这漫山的树木花草，山海层峦，涌泉溪水，让你不知是自己置身于群山之中，还是群山融入了你的体内。环顾四周青山碧绿，座座山峰云海缠绕，层层山峦时隐时现。刹那间，你便感受到什么是天人合一、物我合一的永恒。

第三节　风动石

随环线到达海拔 1350 米处，又一处奇观摄入眼底。眼前这块巨石长 5.5 米，高约 4.8 米。其形态恰似一个仰放的馒头，当地人称“馒头石”。此石结构成分为中生代火山岩基础上发育而成的安山岩。该石有一个古老的历史传说：在西汉末年，王莽篡位，当刘秀被追至白草畔时，已饥饿难当，恰遇一道人施舍了一个馒头，刘秀刚要吃时，王莽的追兵已近，刘秀丢下馒头做诱饵，从此脱离了险境，后来这个馒头就变成了一大巨石，所以当地人称“馒头石”。后又被称作“幸运石”“好运石”“不倒石”。

风动石位于杨树参天的丛林中，之所以称该石为风动石，原因有四：一是该石与地面的支点仅两个，支地的面积不足球体表面积的二百分之一，并且两支点之间还是空洞，一眼看去，会产生两个小小的支点即将支撑不住的感觉；二是该石处于数十米悬崖的边缘，球体的三分之一伸出悬崖之外，凌空而立，宛如即将坠落悬崖的感觉；三是该石处于一面大山坡之中的一个小斜坡上，有似要自上而下滚动而来的视觉效果；四是周围多杨树，阵风扫过，树木摇曳，具有风吹石动的音响效果。四因素的组合，让人觉得只要伸出小指头，轻轻地推一下，这百吨重的巨石就会应势飞落悬崖之下。重量之大、置位之险、形状之美的风动石，让游人生出了许多好奇，留下了众说纷纭、莫衷一是的解释。

◎风动石的表面岩石

有人说，风动石本是一块陨石，自天上而来，坠落于此。但立马出现了反对的声音：风动石的石质与周围岩石相同，而与陨石的石质完全不同；再者，如果这样的巨石从天而降，受重力的加

◎风动石

速，将以极快的速度砸向地表，会出现一个巨坑，同时石块可能会粉碎，并没入撞击坑内。

有人说，风动石是从山峰上滚落于此。但也随之出现了两派的分歧：一派说断崖形成之前，风动石滚放于此，悬崖只是后来经风化剥蚀形成；另一派则说，风动石知道悬崖勒马，滚到悬崖边时刚刚停止了滚动。但不管风动石是在悬崖形成之前或之后滚动到此，一定经过了滚动，才形成近似浑球状的椭球形，因为巨大的棱棱角角在滚动的过程中被磨掉了。

还有人说，风动石根本没有随风而动，也没有经过滚动，它只是老老实实地待在原地，只是随着唐县期夷平作用的结束，山体隆升、山坡形成，断裂穿切的岩石相对破碎，出现差异性风化，断裂面近于垂直，向山谷的一侧风化碎屑被搬运而去，渐渐露出断崖与断崖之上的风动石。但为何风动石呈浑球状，又出现了不同的解释：一种看法是风动石被硅化了，相对不易于风化，因而突出地存在悬崖的上部，并由于发育了多组节理，在漫长的地质时期内以球状风化的方式（如飞来石）进行，所以成为浑球状；另一种看法是风动石的石质是火山岩，形成之初可能呈“火山弹”的球形，为火山碎屑岩覆盖，但在后期风化过程中，还原了本来的面目而已。

这几种说法中，比较趋同的是后一种说法：风动石根本没有经过滚动，而只是由硅化火山岩在原地发生了球状风化而成。

第六章

拒马河：拒马奔腾画中流

拒马河发源于涞源县，是一条蛇曲状“返老还童”的山区河，拒马河流域气候凉爽、环境清幽，是消夏避暑胜地。拒马河水大流急，对所经山地切割作用强，多形成两壁陡峭的峡谷，使距今12.07亿年前形成的中元古界雾迷山组等地层，形成高山峡谷，奇峰林立，挺拔陡峻。

◎美丽的拒马河

第一节　拒马河

北方的河多数已成干沟，即使是黄河，也曾连续数个季节裸露出异样的河床。河北省还有一年长流不断的河吗？有，只有唯一的一条，那就是流经野三坡的拒马河。

拒马河，古称“涞水”，因它来自涞山脚下。汉时称它为“巨马河”，因其谷窄、坡陡、流大，一波又一波的水头，奔驰而下，撞击突出的岩岸，冲击潜藏的暗礁，激起滚滚浪花，荡起阵阵轰鸣，如巨马奔腾，如巨马长嘶。后改名为“拒马河”，源于一场空前的战争。从西晋到东晋的过渡时期，巨马河流域正是晋朝与北方游牧国家的边界。公元 308 年到 318 年间，北方羯族将领石勒与晋朝大将刘琨对峙于“巨马河”两岸，因山高、谷深、流急，从黄土高原或沙漠地带跑来的战马，战栗于激起千堆雪的河岸，裹足不前，难于渡河作战。因此，刘琨把“巨”改为“拒”，以显现这条河的军事地位。

拒马河发源于涞源县。涞源者，即涞水之源。《水经注》记载“巨马河出代郡广昌县涞山”，广昌即涞源的古名。《广昌县志》说“拒马河源，在县城南半里，出七山下”，其流量可达每秒3~4立方米，是北方最大的泉。

拒马河从涞源出发后就一直向东流，抵达易县紫荆关之时，折北而上，当抵达涞水野三坡后向东南方向流去，经房山十渡暂作逗留，便在铁锁崖一水分二支：北拒马河流经涿州，汇入琉璃河，入高碑店为白沟河；南拒马河流经涞水、定兴，汇入易水河，后也汇入白沟河，再流入大清河，再归海河，终入渤海。

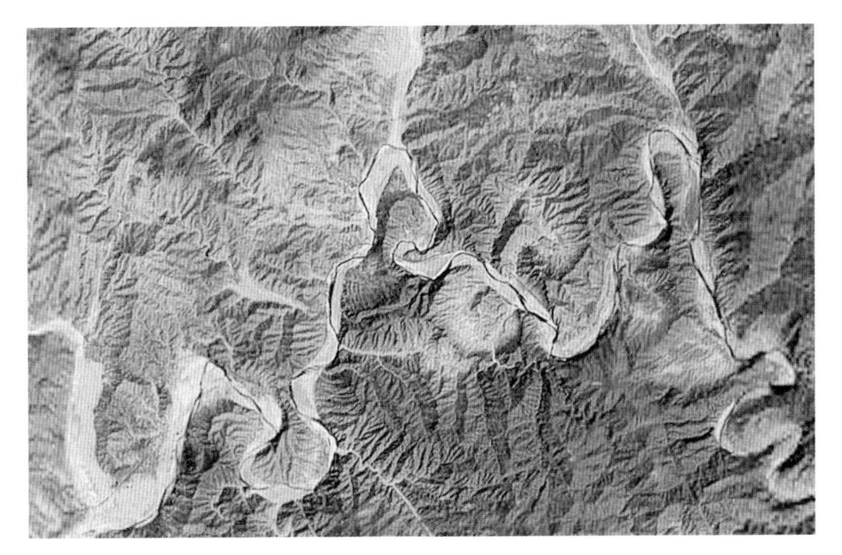

◎拒马河三坡段卫星照片

◎拒马源头

拒马河干流长 254 公里。由于拒马河源头的泉水温度常年保持在 7℃左右，成为冬季北方最大的不结冰的河。

拒马河水大流急，对所经山地切割作用强，多形成两壁陡峭的峡谷。野三坡拒马河峡谷两侧是由距今 12.07 亿年前形成的中元古界蓟县系雾迷山组构成的，厚约 1000 米的地层形成的高山，这里奇峰林立，挺拔陡峻。雾迷山组的岩石为中厚层燧石条带白云岩，呈水平或近水平状产出。雾迷山组白云岩中发育了两组北东向及北西向宏大的直立共轭剪切节理，它们是野三坡地区似峰丛岩溶地貌形成的有利条件。

事实上，野三坡地区拥有得天独厚的地质地貌景观，得益于随太行山在古近纪的抬升而形成的拒马河对野三坡岩石的剥蚀、碎屑的搬运、沙砾的沉积等地质作用，由此对地形地貌进行艺术的加工与造型，创作了一幅幅天成的山水图画，构成了野三坡拒马河的百里画廊。

第二节　拒马画廊

拒马河一路东下，经野三坡35公里的路程。两岸群峰崛立，怪石峥嵘，河水潺潺，清可照人。成群的野鸭，成双捉对的鸳鸯，还有稀有的黑鹳嬉戏其中，河岸上成排的杨树倒映在水中，或黄或绿的色彩连缀着远处山峦厚重的身影，显得非常明媚秀丽。顺流而行，千姿百态的奇峰秀水，美丽如画的田园风光，动人心弦的绝妙传说，极富诗情画意，构成了旖旎的风景画廊，其山水田园气息酷似江南风光。拒马河水波光潋滟，农家小院错落有致，游人既可中流泛舟，饱览山光水色，亦可击水畅游，领略大自然的情趣，是漂流、荡舟、策马、垂钓的山水乐园。

◎奇山秀水

◎河畔策马

◎急流冲浪

◎碧波轻柔

◎拒马河暮歌

◎迎客峰

第三节　拒马天工

拒马河水大流急，对所经山地切割作用强，多形成两壁陡峭的峡谷。野三坡拒马河峡谷两侧是由距今12.07亿年前形成的中元古界蓟县系雾迷山组构成的，厚约1000米的地层形成的高山，这里奇峰林立，挺拔陡峻。雾迷山组白云岩中发育了两组北东向及北西向宏大的直立共轭剪切节理，它们是野三坡地区似峰丛岩溶地貌形成的有利条件。

拒马河两岸还分布着许多重要的地质遗迹点，让我们简略地做一介绍。

“迎客峰”——北方半干旱岩溶地貌。构成指状“迎客峰”的地层，是距今12.07亿年前雾迷山组燧石条带白云岩，垂直节理十分发育。260万年以来，沿节理经受物理风化剥蚀，流水冲蚀，形成如指状的峰丛，像列队欢迎游客的到来。

拒马峰丛。拒马河两岸的峰丛地貌属于地表岩溶地貌，岩溶地貌就是地表水和地下水对可溶性岩石（如石灰岩、白云岩）的溶蚀和冲蚀作用，形成的地表峰林、峰丛和地下溶洞及洞中化学沉积物景观的总称。拒马河两岸的峰丛地貌是在北方半干

◎断层

◎古地震遗迹

旱气候条件下，自距今18万年（晚更新世）以来形成的。这一时期，以强烈的地表冲蚀作用为主，形成了拒马河两岸峭壁悬崖和发育的冲蚀沟，是“北方特色的”地表岩溶地貌，它与我国南方湿热气候条件下形成的典型地表岩溶地貌有明显不同。

断层。断层就是连续的同一岩层错断裂开，并沿错断面发生相对位移。这里见到断层破碎带，断层两侧为正常岩层。

古地震遗迹——软沉积变形。这里浅色的不规则的白云岩小脉称液化脉（沉积脉），是距今12亿年前，受海底古地震影响尚未完全固结的雾迷山组燧石条带白云岩和液化脉一起，发生了软沉积变形。

宝塔山。组成宝塔山的地层为雾迷山组燧石条带白云岩，岩层近于水平状，经风化剥蚀、流水冲蚀，形成台阶状塔状山峰，其上有一锥状“宝塔顶”。

单斜岩层。在距今4亿~5亿年时形成。当时这里是一片浅海，在海底沉积了碳酸盐和黏土沉积物，经过压实、固结成为坚硬的岩石——石灰岩和泥页岩。后来又经过构造运动，发生岩层褶皱。现在看到的这部分，都向一个方向倾斜，地质学上称“单斜岩层”。

◎拒马河畔的峰丛地貌

◎宝塔山

◎单斜岩层

◎冲洪积物

冲洪积物。这里冲洪沉积物可见沙砾层与砂质黏土层组成的多元结构。其中河床砾石形状磨圆，突发性的洪水形成的砾石巨大，磨圆度较差。

冲洪积砂砾石堆积。这里的沙砾石堆积，有河流在搬运过程中形成的沙砾石，其砾石扁平状居多，磨圆较好，也有突发性洪水冲来的沙砾石，沙砾石大小混杂，磨圆差，它们是自距今 18 万年以来形成的。

◎冲洪积沙砾石堆积

水平地层。远看这座金字塔形山峰，是由一层层水平展布的岩层构成的，叫水平地层。它是自距今 4.9 亿年（地质学称奥陶纪）以来，海洋里的碳酸钙沉积形成的。

◎水平地层

朝阳峰。组成朝阳峰的地层为距今 12 亿年前雾迷山组燧石条带白云岩。每当旭日东升，它是最先沐浴阳光的峰丛。

远观夷平面。夷平面是地壳处于长期相对稳定、气候比较湿润的条件下，经风化剥蚀、水流冲蚀等作用，形成区域性平缓波状的地形面。这里远观的夷平面，海拔高度约 1000 米，是距今 500 万年期间形成的“唐县面”。

◎朝阳峰

◎远观夷平面

◎穿洞

◎河漫滩

穿洞。岩层中节理发育，再加风化作用形成。北方半干旱气候地表岩溶地貌。

河漫滩。河漫滩位于河床主槽一侧或两侧，在洪水时被淹没，水中时出露的滩地，是河流洪水期淹没的河床以外的谷底部分。它由河流的横向迁移和洪水漫堤的沉积作用形成。平原区的河漫滩比较发育。由于横向环流作用，V 形河谷展宽，冲积物组成浅滩，浅滩加宽，枯水期大片露出水面成为雏形河漫滩。之后洪水携带的物质不断沉积，形成河漫滩。

拒马河景区除优美的自然环境和众多的地质遗迹外，因优良的生态环境还吸引了一些珍稀的禽类在这里安家，如濒危的黑鹳。黑鹳是一种体态优美、体色鲜明、活动敏捷、性情机警的大型涉禽，曾经是分布较广且较常见的，但现今种群数量在全球范围内明显减少，在它传统的很多繁殖地，如瑞典、丹麦、比利时、荷兰、芬兰等国已经绝迹，在其他一些国家也已明显处于濒危状态。目前拒马河自然保护区越冬黑鹳的数量观察超过数十只。

除黑鹳外，还有苍鹭、鸳鸯、野鸭等许多水鸟也在这里休养生息。

苍鹭，又称灰鹭，为鹭科鹭属的一

◎鸳鸯
◎野鸭
◎小䴙䴘
◎白天鹅

种涉禽，也是鹭属的模式种。大型水边鸟类，头、颈、脚和嘴均甚长，因而身体显得细瘦。上体自背至尾上覆羽苍灰色；尾羽暗灰色；两肩有长尖而下垂的苍灰色羽毛，羽端分散，呈白色或近白色。2000 年 8 月 1 日列入中国国家林业局发布的《国家保护的有益的或者有重要经济、科学研究价值的陆生野生动物名录》。2012 年列入《世界自然保护联盟（IUCN）濒危物种红色名录》ver 3.1- 低危（LC）。

鸳鸯。鸳指雄鸟，鸯指雌鸟，故鸳鸯属合成词。中国Ⅱ级重点保护动物。属雁形目的中型鸭类，大小介于绿头鸭和绿翅鸭之间，体长 38~45 厘米，体重 0.5 千克左右。雌雄异色，雄鸟嘴红色，脚橙黄色，羽色鲜艳而华丽，头具艳丽的冠羽，眼后有宽阔的白色眉纹，翅上有一对栗黄色扇状直立羽。雌鸟嘴黑色，脚橙黄色，头和整个上体灰褐色，眼周白色，其后连一细的白色眉纹。2012 年列入《世界自然保护联盟（IUCN）濒危物种红色名录》ver 3.1- 低危（LC）。

野鸭，别名为大绿头、大红腿鸭、大麻鸭等，

◎苍鹭

◎红嘴蓝鹊

是水鸟的典型代表，是绿头鸭在北半球的俗名。属鸟纲、雁形目、鸭科。雌野鸭体型较小，体长 50~56 厘米，体重约 1 千克；雏野鸭全身为黑灰色绒羽，脸、肩、背和腹有淡黄色绒羽相间，喙和脚灰色，趾爪黄色。

小鸊鷉，鸊鷉目鸊鷉科小鸊鷉属的一种。因体形短圆，在水上浮沉宛如葫芦，故又名水葫芦。小鸊鷉外形较小，翅长约 100 毫米，前趾各具瓣蹼；上体黑褐而有光泽；眼先、颊、颏和上喉等均黑色；下喉、耳区和颈棕栗色；上胸黑褐色、羽端苍白色；下胸和腹部银白色；尾短，呈棕、褐、白等色相间。眼球黑色，眼睛的虹膜黄色，脚黑色。腿很靠后，所以走路不稳，远看似鸳鸯，精通游泳和潜水。2000 年 8 月 1 日列入《国家保护的有益的或者有重要经济、科学研究价值的陆生野生动物名录》。

红嘴蓝鹊是大型鸦类，体长 54~65 厘米。嘴、脚红色，头、颈、喉和胸黑色，头顶至后颈有一块白色至淡蓝白色或紫灰色块斑，其余上体紫蓝灰色或淡蓝灰褐色。尾长呈凸状具黑色亚端斑和白色端斑，下体白色。2000 年 8 月 1 日列入中国《国家保护的有益的或者有重要经济、科学研究价值的陆生野生动物名录》。2013 年列入《世界自然保护联盟（IUCN）濒危物种红色名录》ver 3.1- 低危（LC）。

白天鹅学名大天鹅，别名黄嘴天鹅，体长 120~160 厘米，体重 6.5~12 千克。嘴基黄色，并且延伸到鼻孔以下。嘴的端部和脚黑色。身体丰满，双脚短粗，趾间有蹼。脖子很长，几乎与身体一样长。全身披白色羽毛，在水中游动时伸着脖子与身体稍呈直角，隶属脊椎动物门雁行目鸭科雁亚科天鹅属，是国家二级保护动物，全球易危物种。

第七章

红色记忆：青山常在水长流

野三坡的山水留下了老一辈革命家的光辉足迹，聂荣臻元帅和宋时轮、邓华、萧克、杨成武等十多名开国上将都曾在这里战斗过。著名的抗日爱国民主人士李公朴，激励数代人的不朽歌曲《没有共产党就没有新中国》的词作者曹火星都曾来到野三坡，进行抗日采风和宣传。不仅《没有共产党就没有新中国》在这里诞生，著名的红色歌剧《白毛女》的原型也产生在野三坡。野三坡作为平西抗日根据地腹地，在抗战中发挥了独特的历史作用。

第一节 平西抗日根据地

平西，顾名思义就是北平（今北京）西侧，涵盖宣化以南、涞水以北的三角地带，包括民国时期的涞水、涿县、涿鹿、怀来、阳原、宣化、蔚县、怀安、宛平、昌平、良乡、房山等12个县全部或一部分区域。平西北临平绥铁路及桑乾河，东临平汉铁路，南临拒马河，战略地位十分重要：一可直接威胁伪华北自治区首府北平和伪蒙疆首府张家口，以及敌人两大交通命脉——平绥、平汉铁路，成为晋察冀北岳区之屏障；二可成为冀中平原抗日根据地十分区的依托和后方基地，而且可成为向北平、冀东推进的出发阵地。平西是华北抗战的前沿，是我党坚持冀东、开辟平北的重要根据地。

中共中央对建立平西根据地十分重视。1938年2月，晋察冀军区遵照中央指示，建立宋（时轮）邓（华）支队，在涞水围歼了一股地方游杂武装，在马水口组建中共房涞涿工委和抗日民主政府。连克矾山堡、桃花堡、金水口、门头沟等日伪据点，收复昌平、涿县、涞水、良乡县城。并派出大批工作组，开展宣传，建立政权，开展群众工作，经过几个月的工作，解放了平西10余万人口的广大地区，建立了房（山）涞（水）涿（县）、昌（平）宛（平）及宣（化）涿（鹿）怀（来）三个联合县政府，大部分区、村建立了农、青、妇抗日救国组织和游击队、自卫队等地方武装，使平西抗日根据地初具规模。

◎萧克

1939年1月初，萧克、马辉之、程世才率领一批干部和小型的直属机关部队向平西进发。萧克到达平西后，经中央批准，召开了有宋、邓两个支队大队以上及平西各县领导参加的党的干部会议。萧克传达了党的六届六中全会精神和中央关于成立挺进军、冀热察区党委及冀热察军政委员会的决定。

萧克，湖南嘉禾人，黄埔军校四期毕业。1925年投笔从戎，参加北伐战争、南昌起义、井冈山斗争和长征。抗战时期任八路军一二〇师副师长、冀热察挺进军司令员、晋察冀军区副司令员，对开创平西抗日根据地做出了卓越贡献，领导了平西地区抗击日寇的斗争。1955年被授予上将军衔和一级八一勋章、一级独立自由勋章、一级解放勋章。1988年7月，被授予一级红星功勋荣誉章。

◎河东兵工厂

野三坡作为平西抗日根据地腹地，在抗战中发挥了独特的历史作用，是平西抗战的最前沿。

野三坡紫石口村——房涞涿县政府驻地

1938年2月，晋察冀军区派邓华率领的八路军六支队开辟平西，3月下旬，到达涞水县马水村（现属涿鹿县管辖）。在该村组建了首届中共房涞涿工作委员会（简称工委）、房涞涿县政府和县游击队。1938年5月，房涞涿县政府迁往野三坡紫石口村。1939年至1945年，十一军分区第七团是活跃在房涞涿地区的主力部队之一，先后驻涞水紫石口村、木井村。野三坡成为平西抗战火种之发源地。

野三坡山南村——冀热察区党委、挺进军司令部驻地

1939年1月，冀热察区党委在山南村成立，区党委书记马辉之，委员萧克、姚依林、吴德等，统一领导冀东、平西、平北的工作。冀热察区党委在三坡建立后，平西专员公署也迁入野三坡，从此，涞水山区成为平西抗日根据地的军事、

◎铸手榴弹壳

政治中心。

1939年2月7日，奉党中央和中央军委命令，萧克在山南村成立了由八路军第四纵队和冀东抗日武装组成的八路军冀热察挺进军。萧克为挺进军司令员兼政治委员，程世才任参谋长，伍晋南任政治部主任；马辉之任区党委书记，张明远任宣传部长，吴德任组织部长；军政委员会由萧克、马辉之、伍晋南、宋时轮(原为程世才)、邓华等五人组成，萧克任书记。

当时仅仅在山南村驻扎的八路军大概就有一两千人。距司令部100米左右就是著名的挺进剧社。由于挺进军司令部属于省级机构，所以很多配套组织机构也在山南村附近设立。包括在山南村设立的供给处、军事法庭，在蓬头村设立的医院，在小峰口村设立的油坊、挺进学校。

野三坡刘家河村——平西第一个兵工厂

平西敌后抗日根据地为保证军队的武器供应，1940年1月建立了冀热察区唯一的炸弹厂，工厂驻地在野三坡刘家河村。炸弹厂奠定了冀热察区爆炸工业的根基，从此打开了山地抗战军工部门的局面。之后，又建立了修械所。

《聂荣臻回忆录》是这样记述的："野三坡那一溜几十个村子，一直过着与世隔绝、自给自足的生活。他们长时间打着反清复明的旗号，清朝的统治始终没有进入这一地区……我们进去以后，经过深入细致的发动群众工作，老百姓对我们很好，三坡成了我们可靠的根据地。"在聂荣臻元帅、萧克将军、杨成武将军等老一辈无产阶级革命家率领下，斗争不断取得新的胜利。

第二节　鸡蛋坨五勇士

1942年12月27日深夜，驻在曹坝岗的我晋察冀军区十一分区七团团部，接到内线紧急情报：日寇从宛平、怀来、房山等县据点，纠集3000多日军和伪军，由大队长小松率领，向我平西根据地进犯。敌人从宛平杜家庄出发，沿庄里、罗古台正向曹坝岗逼近。敌人的企图是一口吃掉我七团，进而穿越东大岭，打开通向福山口的大门，消灭驻扎在福山口的我军分区司令部、平西地委、专署和县委机关。我七团团长陈坊仁、政委李水清和参谋长吕展，立即研究部署战斗，决定由二连先守住曹坝岗西北面的制高点——鸡蛋坨，掩护团部撤退到南面的佛塔洞山口，以守住东大岭通往福山口的大门，并通知附近群众立即坚壁、转移。

连长张玉亮、指导员李文举和副指导员王恩眷带领全连战士，立即趁黑夜奔向鸡蛋坨。

中午时分，连部接到团部的命令：边打边撤。连长、指导员和副指导员研究决定，留下李连山带八班战士共18个人，坚守鸡蛋坨阵地，完成掩护任务后再相继撤出战斗归队。

中午过后，敌人又开始向山上疯狂地冲锋，日军队长利用督战队端着刺刀，强逼日本兵蜂拥而上，前面的被打倒了，后面的又冲上来。李连长沉着指挥八班战士，用一排排手榴弹向敌人砸去，枪弹雨点般地射向敌人，打得敌人血肉横飞。

敌人又发起了更加疯狂的进攻，抢占了后面的佛塔洞山头，形成对孤守在鸡蛋坨上八班战士的夹击。这时八班战士的子弹打完了，手榴弹也用完了，退路已被切断。战士们在副排长李连山的沉着指挥下，拆掉工事，用石头向敌人砸去。在敌人的枪弹声中，又有几名战士倒下了。阵地上仅剩下李连山等5个人了，最小的王文兴刚刚18岁。敌人终于冲上了鸡蛋坨，五位勇士

◎五勇士纪念碑

同敌人展开了白刃战。敌人越来越多，李连山边和敌人搏斗，边鼓励战士们和敌人拼杀，誓死不当俘虏，不行了就跳崖。但李连山还未来得及跳崖就中弹牺牲了。其余 4 名战士刘荣奎等遵从副排长的遗志，分别和敌人撕打、扭抱着跳下了 70 多米高的绝壁，全部壮烈牺牲。

第二天，军民用白布裹好英雄的遗体。当地村中老人们纷纷献出自己的棺木，将他们连同战斗中牺牲的其他烈士一起收殓入棺，掩埋在松树岭下大龙门村东。

“鸡蛋坨五勇士”壮烈牺牲后，1943 年 1 月 5 日，晋察冀军区司令员聂荣臻和副司令员萧克发出通令，号召全体指战员向勇士们学习。

第三节 平西革命文艺的两朵奇花

◎第一代歌剧《白毛女》剧照

《没有共产党就没有新中国》的作者是当时平西根据地群众剧社的青年作曲家曹火星。

曹火星是平山人，1938年4月，他和另外一些年轻人组成了旨在宣传抗日、鼓舞民心的“铁血剧社”。铁血剧社是平山土生土长的抗日文艺团体，主要是运用民歌小调填上新词进行演唱，宣传抗日救亡。铁血剧社走遍了滹沱河两岸的每一条山沟，抗日救亡的歌声唱遍了每一个村庄。

1939年，华北联合大学千里跋涉迁至平山，铁血剧社全体成员被组织安排入校，这是曹火星艺术道路上至关重要的一步。剧社里唯一识简谱的就是曹火星，也只有他一人进入了文艺学院音乐系，正式学习作曲、和声等音乐知识。

◎曹火星（右一）和战友在演唱

1943年，曹火星所在的铁血剧社改由晋察冀边区抗日联合会领导并更名为“群众剧社”。9月23日，曹火星随群众剧社第三小分队在房涞涿一带参加减租运动，住在石板港村（隶属涞水紫石口村的一个小山庄），目睹了共产党和人民群众同甘共苦、血肉相连、生死相依的事实，从而激发了创作灵感，创作出了一组旧曲填新词歌曲，包括《热爱八路军》《解放区真是一个好地方》《在天上要数什么东西亮》《中国人民离不开共产党》，并根据大家提议，开始构思这套组歌的点题歌曲——《没有共产党就没有中国》。

9月27日，曹火星和战友王从信、张血明等四人，到房涞涿游击区堂上村（今属北京市房山区）搞宣传，在那里，他连夜对《没有共产党就没有中国》进行了修改，并在第二天就开始教小学生演唱。11月，平西地委在玉斗村召开平西全区干部会议，曹火星在会上教唱《没有共产党就没有中国》，并在群众剧社主办的刊物《群众歌声》上首次发表。很快，这首歌响遍了平西大地，并长上了翅膀，从地方唱到部队，从乡村唱到城市，唱遍了晋察冀边区，唱遍了各个抗日根据地。1945年8月23日，张家口解放，八路军唱着这首歌进驻了张家口。9月12日，《晋察冀日报》第3版刊登了这首歌。不朽的歌曲随着抗日战争和解放战争的节节胜利传遍全中国，唱红了祖国大江南北，迎来了新中国的诞生。

新中国成立后，毛主席在歌曲中加了一个“新”字，成为《没有共产党就没有新中国》，传唱至今。

1941年12月，挺进军宣传部长罗立斌搜集到三坡地区紫石口一带流传的“白毛仙姑”故事，觉得该故事有破除封建迷信的教育意义，经过构思，写了两幕歌剧《白发女神》。

该剧的主题思想是旧社会把人变成鬼，新社会把鬼变成人。挺进剧社于1942年初开始，在平西及一分区各县演出，很受欢迎，传奇式的故事情节也广为传播。1944年5月，西北战地服务团的邵子南将白毛仙姑的故事写成叙事诗《白毛女》，后来又根据周扬的意见，改编成多幕歌剧《白毛女》，由西北战地服务团在党的七大上正式演出，从此，《白毛女》的故事传遍全国。

◎刘家河革命烈士陵园

第四节　刘家河革命烈士陵园

平西抗日烈士陵园位于百里峡刘家河村，始建于 1942 年，由时任挺进军后勤部长赵熔将军建造。陵园内建有一方柱形石碑和 20 多个烈士墓，方柱形石碑的正面是“1942 年 3 月 7 日挺进军三周年纪念日立”，并刻有“陆军第八路军挺进军供给部抗战烈士墓地纪念塔”，碑的一侧是原八路军挺进军司令员萧克撰写的碑文，碑的另一侧是原挺进军政治部主任潘峰同志所写的碑文。

2012 年，涞水县政府扩建刘家河革命烈士陵园，将大龙门烈士陵园内的 113 位革命烈士遗骨迁葬于此地，并将 1941 年 8 月在刘家河南山上被日军杀害的 42 名八路军伤病员遗骨也迁到此地安葬。

第八章

旅游攻略：满身披得山花归

巍巍太行从这里沿冀、晋、豫边界千里南下，峥峥燕山从这里顺京、津、冀一路东行，这里融雄山碧水、奇峡怪泉、文物古迹、名树古禅于一身，每一分山水都显露着大自然的青睐和天地之间的和谐，亲爱的朋友，您不想来看看吗？请打点好您的行装，到野三坡来一次人与自然的亲密接触之旅吧，您一定会不虚此行。无限风光惹人醉，满身披得山花归。

第一节　气候物候

野三坡属东部季风性暖温带半干旱地区，四季分明，春季干旱多风；夏季炎热多雨，最热的7月平均气温26.1℃，夏季降水量约占年降水量的74.2%；秋季天高气爽，气候宜人，降水量占年降水量的13.2%；冬季寒冷，干燥少雪，降水量占年降水量的2.6%；山区比平原气温低1~3℃，年降水量比平原多50~150毫米，因此夏季园区内气候比较凉爽。

第二节　交通通信

野三坡地处京、津、保三角地带，县城距天安门110公里，距天津市中心158公里，距保定市中心130公里，已融入北京半小时经济圈。张石、廊涿、张涿、京昆等4条高速公路贯穿县境，拥有9个高速出口，张涿高速在野三坡境内有3个高速出入口，从园区任何方向20分钟内均可进入高速路网，是京西南重要的高速交通枢纽；高速公路与7条国省干道（G108线、G112线、京赞线、京原东支线、宝平线、京原西支线、涞阳南路）为骨架的公路网遍布全县；京原铁路横贯园区，并设有两个火车站。已开通到涞水县城和野三坡景区的北京917公交专线。

在通信设备方面，微波通信、光缆通信已交付使用。已建成空中、地上，国内、国际，无线、有线，电传、传真全方位、多功能的通信系统。

公路方面：

北　京　120公里。京港澳高速（大广高速）→廊涿高速→张涿高速→京昆高速→张涿高速→野三坡。

保　定　120公里。京昆高速→张涿高速→野三坡。

天　津　190公里。津保高速→大广高速→廊涿高速→张涿高速→野三坡。

石家庄　270公里。京昆高速→张涿高速→野三坡。

张家口　160公里。京藏高速→京新高速→张涿高速→野三坡。

太　原　450公里。二广高速→五保高速→京昆高速→张涿高速→野三坡。

大　同　320公里。京大高速→京新高速→张涿高速→野三坡。

沈　阳　810公里。京沈高速→北京南六环→京港澳高速→廊涿高速→张涿高速→野三坡。

锦　州　610公里。京沈高速→北京南六环→

京港澳高速→廊涿高速→张涿高速→野三坡。

辽　阳　800公里。京沈高速→北京南六环→京港澳高速→廊涿高速→张涿高速→野三坡。

鞍　山　730公里。京沈高速→北京南六环→京港澳高速→廊涿高速→张涿高速→野三坡。

呼和浩特　450公里。京藏高速→京新高速→张涿高速→野三坡。

包　头　590公里。京藏高速→京新高速→张涿高速→野三坡。

安　阳　510公里。京港澳高速→廊涿高速→张涿高速→野三坡。

郑　州　700公里。京港澳高速→廊涿高速→张涿高速→野三坡。

德　州　360公里。德衡互通→大广高速→廊涿高速→张涿高速→野三坡。

济　南　460公里。京沪高速→德衡互通→大广高速→廊涿高速→张涿高速→野三坡。

野三坡旅游直通车运行时间：

北京天桥公交总站发车时间：7:30~8:30。

百里峡景区返程发车时间：17:00~17:30。

野三坡旅游直通车票价：38元/人/单程。

火车方面：

北京西至野三坡、百里峡景区往返列车时刻表

车次	车型	北京西	野三坡站	百里峡站
6437	普客	始发站 17:45	到站时间 20:29	到站时间 20:44
6438	普客	终点站 12:29	到站时间 09:34	到站时间 09:21

第三节　游览接待

野三坡景区创新管理模式，对景区实行“管委会＋公司”模式管理，组建涞水县野三坡旅游投资有限公司，管委会全权代表县委、县政府行使对野三坡景区的管理权，投资公司负责对野三坡景区进行投资、运营、管理，二者分工有序、合作有力。

最佳旅游季节：野三坡的旅游旺季集中在4~10月份，这段时间是野三坡景色最优美的时候。冬天的三坡，游客较少，食宿购物都相对便宜。

野三坡自1986年开发旅游区以来，带动了当地经济的飞速发展，农民都过上了小康生活。个体的农家乐和宾馆一个个拔地而起，野三坡宾馆以二人标间为主，一般宾馆为二星级，也有三星、四星级宾馆。较著名的四星级宾馆有位于三坡镇月亮湾健康谷的阿尔卡迪亚国际度假酒店、位于三坡镇刘家河村的山水一方度假村等。一般性的宾馆内空调、电视、独卫、热水洗浴等设施一应俱全。房间宽敞明亮，地理位置好，并设有停车场。宾馆一楼一般为餐厅，能容纳大型团体用餐，二层以上为客房，房间整洁、干净。野三坡的农家乐也很有特色，住宿条件也相当不错。

◎健康谷小镇

◎山水一方度假村

◎家庭旅馆

第四节　地方特产

◎核桃

◎杏扁

◎花椒

野三坡的山水每一分都显露着大自然的青睐和天地之间的和谐，且不论那保护完好的70余科2000余种植物资源，更有数百种或大或小、或静或闹的动物穿梭于山林中，飞翔于峰峦间。在这里，你可以深切地体会到人与自然的亲密无间。除此之外，出产丰富的山区特产更是大自然给予三坡人民的慷慨馈赠。核桃、杏仁、伏花椒素称野三坡“三件宝”。这些产于野三坡深山区的特产，健康绿色，营养丰富，除了被大宗批发商购走以外，其余大部分成为来三坡旅游的游客们最喜欢的土特产品。

世界很多地方都产核桃，但是野三坡的绵核桃独具一格。野三坡的核桃产于野三坡的深山区，无污染，是名副其实的绿色食品。其质地纯正、果仁饱满、色泽黄白、味道纯正，富含多种氨基酸和微量元素，有益智健脑、养颜美容之功效。

绵核桃主要产自野三坡以及十渡，常年产量100万公斤左右，凭其质地纯正、果仁饱满而闻名华北，被评为河北“五大特产”之一。

野三坡的杏树为喜光树种，在山区土地瘠薄的情况下也能生长。目前野三坡杏扁基地已发展到1万亩，年产量100万公斤。杏扁具有较高的营养价值，富含蛋白质及脂肪、维生素、微量元素等。

◎烤全羊
◎河菜
◎炸拒马河鱼
◎炸花椒芽

杏仁含有 24%~25% 的优质蛋白，其中所含的氨基酸种类齐全，钙、锌、硒等微量元素丰富，它的消化率又高于一般动物蛋白，是真正的天然健康食品。

野三坡的伏花椒主要产自山区，常年产量 180 万公斤，是纯天然绿色有机食品，以其麻味充裕、香气浓郁而名冠四海。其本身除含有大量的芳香油外，还含有柠檬稀、固醇化等，是家庭、宾馆、餐宴的上乘佐料，还可作为衣物、粮食的防虫剂。

北方的老百姓家用的多为大花椒。从外观上识别，花椒的壳色红艳油润，粒大且均匀，果实开口而不含有籽粒或含极少量籽粒，整洁无枝干，不破碎。从干湿度方面识别，用手抓有糙硬、刺手干爽之感，轻捏易破碎，拨弄时有沙沙作响声的为干度较好的花椒。

花椒有两种：一种是暑期成熟的，我们称为伏花椒，这种花椒味道与功效很是不错；一种是在中秋节左右成熟的，我们称秋花椒，这种花椒一般是不用来食用的。在野三坡风景区，伏花椒的产量比较大，当地居民去山上采摘花椒的嫩芽加工后用来食用，凉拌、油炸味道俱佳。

◎三坡美酒

野三坡特色美食众多。

百里峡的烤全羊用多种工艺特殊烤制，现宰、现烤，整个加工过程要60分钟。烤全羊色泽艳丽，肉嫩味美，虽然在固定场地的烧烤方式不如河边篝火那么有情调，但味道一绝。

野三坡水草丰富，这里的各种野菜是不可不尝的美食。河菜是野三坡特产，可做成凉菜，也可做成包子，粗纤维植物，口感比家芹菜好很多。

拒马河里的野生鱼个头一般不大，可以整条炸、炖或者是烧烤，特有的新鲜味道都会让人有“不白来一回”的感觉。

将花椒的嫩芽在盐水里泡上几个小时，然后把面粉调成糊状。把泡好的花椒芽沾上面粉糊在油锅里炸，炸成金黄色时出锅。酥酥的，加上淡淡的花椒香味，会让人尽情体会到这道佳肴的魅力。

采用鱼谷洞泉天然一级饮用矿泉水，精选优质纯粮酿造的“涞松”牌系列“三坡美酒”，是旅游者餐桌必备的佳酿和伴手礼。

野三坡还有很多特色农家饭，例如蒜拌河菜、炸山杏核、三坡鸭蛋、干煸河虾、焖河鱼、三坡豆腐、农家乱炖、小鸡炖山蘑、柴鸡蛋炒香椿、贴饼子和菜团子等。